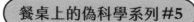

HEALTH RUMORS &
WHERE THEY ARE CREATED

健康謠言
與它們的產地

頂尖國際期刊評審解答 50 個醫學迷思

林慶順教授（Ching-Shwun Lin, PhD） 著

前言

對抗偽科學的加強針

　　這本書有四個章節：一、名人、名醫與偽科學。二、新冠疫情與疫苗謠言。三、保健食品檢驗站。四、真科學補充站。其中三個分類是延續前四本「餐桌上的偽科學」系列書的傳統，著重於討論保健品以及生活形態（飲食和運動）方面的謠言。所以，在這裡我就只特別介紹第二章節的「新冠疫情與疫苗謠言」。

謠言、信息流行病和信息流行病學

　　根據《國語辭典》，「謠言」是一種人與人之間，口耳相傳，但缺乏可靠證據支持的陳述或信念，而互聯網興起後，電子郵件和網誌網站等成了謠言的最佳流傳平臺。「健康謠言」當然就是與健康相關的謠言，所以我在今天（2022 年 4 月 24 號）就用 Rumor 作為「關鍵字」在 PubMed 公共醫學圖書館搜索，結果搜出 1008 篇論文。為了要搜出相關性較高的論文，我把 Rumor 限定為「標題字」，結果搜出 168 篇。其中，最新的一篇是 2022

年 3 月發表在頂尖醫學期刊《自然醫學》（Nature Medicine），標題是「一個搖擺流行病：謠言、陰謀論和疫苗猶豫」[1]，文摘第一句是：「COVID-19『信息流行病』繼續削弱人們對旨在結束疫情的疫苗接種工作的信任」。

這句話裡的「信息流行病」（infodemic），是信息（information）和流行病（epidemic）的組合字。以此類推，「信息流行病學」（infodemiology）則是「信息」和「流行病學」（epidemiolgy）的組合字。這兩個組合字都是在 2002 年 SARS 病毒流行期間首度出現，而它們在這次 COVID-19 疫情期間更是被頻繁使用。事實上，世界衛生組織為了對抗 COVID-19 相關謠言而發表了一篇文章，標題是「讓我們拉平信息流行病曲線」[2]，第一段是：「由於 COVID-19，我們大多數人的詞彙中都有一個新詞：流行病學。它是醫學科學的一個分支，是研究疾病在人群中傳播和控制的方式。是時候學習另一個新詞了：infodemiology。」

同樣是為了對抗 COVID-19 相關謠言，有一份名叫 JMIR Infodemiology 的醫學期刊更是在 2021 年 7 月創立。補充，JMIR 是「醫學互聯網研究期刊」（Journal of Medical Internet Research）的縮寫。由於是初創，所以這份期刊目前總共只發表了 26 篇論文，而其中最新的一篇是 2022 年 3 月發表的，標題叫做「YouTube 上的 COVID-19 和維他命 D 錯誤信息：內容分析」[3]。

這項研究總共分析了 77 個有關「新冠肺炎與維他命 D」的 YouTube 影片，而在收集數據期間這 77 個影片的總觀看次數為 1022 萬多次（平均每片約有十三萬觀看次數）。分析的結果是：一、超過四分之三的影片包含有關新冠肺炎和維他命 D 的誤導性內容。二、將近六成的影片混淆了維他命 D 和新冠肺炎之間的關係。三、將近九成的影片表明維他命 D 具有預防或治療新冠肺炎的能力。四、這些影片的主要提供者是醫療專業人員，而他們經常提出與當前文獻不符的維他命 D 建議，包括服用高於推薦安全劑量的維他命 D。

請注意上面第四點的「這些影片的主要提供者是醫療專業人員，而他們經常提出與當前文獻不符的維他命 D 建議」。這就再度印證我在前作《維他命 D 真相》所說的，有很多醫生或所謂的專家都是為了個人名利而主張世界上所有人都需要吃維他命 D 補充劑。

錯誤信息泛濫成災

請讀者注意上面那篇論文標題裡的「錯誤信息」（Misinformation）。根據我多方面的搜查與考證，Misinformation 的最完整定義是：以事實形式呈現的虛假或斷章取義的信息，

無論其是否具有欺騙意圖。雖然「錯誤信息」和「謠言」在意思上相近，但「錯誤信息」出現在醫學文獻的頻率是遠遠高過「謠言」。我在今天（2022 年 4 月 24 號）用 Misinformation 作為「關鍵字」在 PubMed 公共醫學圖書館搜索，結果搜出 657052 篇論文，縱然是將其限定為「標題字」，也還搜出了 967 篇。

在這 967 篇論文裡面，最早的一篇是 1925 年 3 月發表的，標題是「關於學生錯誤信息」[4]，而最新的一篇是 2022 年 4 月發表的文章，標題是「與 COVID-19 相關的（錯誤）信息、恐懼和預防性健康行為」[5]。也就是說，從 1925 到 2022 這 97 年期間裡，標題裡帶有 Misinformation 的論文是以每年十篇的速度出現（967 除以 97）。可是呢，光是從 2020 年 3 月到 2022 年 4 月，才兩年又一個月的時間裡，就有 259 篇與 COVID-19 相關，標題裡帶有 Misinformation 的論文。由此可見，與 COVID-19 相關的錯誤信息是多麼氾濫猖獗。

在這 259 篇論文裡面，最早的一篇是 2020 年 3 月發表的，標題是「冠狀病毒瘋狂散播：量化在 Twitter 的 COVID-19 錯誤信息流行病」（Coronavirus Goes Viral: Quantifying the COVID-19 Misinformation Epidemic on Twitter）[6]。這個標題裡的 Goes Viral 是「瘋狂散播」的意思。Viral 這個字本來的意思是「病毒的」或

「病毒性」，但是它現在也被用來形容消息有如病毒般的散播。

四個月後，推特（Twitter）再次上榜，出現在「推特大流行病：推特在 COVID-19 大流行期間傳播醫療信息和錯誤信息方面的關鍵角色」[7] 這篇論文的標題裡。推特可能是全球最多人使用的社交平台，但台灣同胞比較愛用的社交平台卻是 LINE。所以我相信，只要把上面那兩篇論文裡的推特換成 LINE，就可以準確描述 LINE 在台灣人之間所扮演的散播新冠錯誤信息的關鍵角色。事實上，我的高中同學常在 LINE 群組轉傳新冠肺炎以及其他健康方面的錯誤信息。他們裡面甚至還有人說 LINE 群組本來就是要讓大家聊天互傳信息，至於信息是否正確，並不重要。

是不是重要，我們來看 2022 年 3 月底才剛發表的論文，標題是「在保持言論自由的同時減少『COVID-19 錯誤信息』」[8]。此文第一段是：「有關 COVID-19 的風險、預防和治療的錯誤信息會造成生命損失。 錯誤信息有許多來源，而傳播和相信它的動機很多。在為患者提供有能力和富有同情心的護理上，絕大多數衛生專業人員和衛生保健組織都大力捍衛醫學科學和公共衛生實踐的標準。 然而，聲量大的少數人及其贊助商或盟友利用他們的醫療證書損害了公眾的利益。 他們低估了已知的嚴重疾病風險，在沒有證據的情況下挑戰疫苗的安全性和有效性，

吹捧未經證實和有風險的治療方法，並且放大了關於科學和科學家的陰謀論。這些活動加劇了衛生保健人員在反覆大流行期間所經歷的道德壓力和道德傷害。」

更嚴重的是「虛假信息」

其實，儘管「錯誤信息」和「謠言」都是明顯的貶義詞，但它們畢竟還是帶著一絲無辜（因為有些錯誤信息或謠言是無心之過）。相對而言，比較嚴重的是「虛假信息」（Disinformation），也就是蓄意欺騙或誤導的錯誤信息。美國前總統歐巴馬大前天（2022 年 4 月 21 號）在史丹佛大學發表主題演講（keynote speech），演講的主題就是「虛假信息」對民主體制的威脅。由此可見，虛假信息是有多麼嚴重。

用 Disinformation 作為關鍵字，可以搜到 455 篇論文，而作為標題字則可以搜到 118 篇。其中，最為醒目的是 2021 年發表的文章，標題是「虛假信息和流行病：預期生物戰的下一階段」[9]。第一段是：「傳統上，生物戰被視為來自四個不同時代的新興威脅：細菌理論、應用微生物學、工業微生物學以及分子生物學和生物技術。鑑於當今針對公共衛生措施和機構的虛假宣傳活動，特別是考慮到全球反疫苗運動的興起以及當代國內和國

際對大流行病反應的破壞，我們認為我們正在進入第五個時代的生物戰。這種生物戰是結合網路的使用，而不依賴於生物武器本身的存在。第五時代的生物戰旨在透過社會、政治和經濟手段，以及透過『武器化』或『虛擬升級』自然爆發來破壞社會政治體系，而不是透過部署有害生物製劑來直接導致人群死亡和發病。」

對抗偽科學的第五劑加強針

有些讀者在我的網站或臉書留言，說我是「謠言終結者」或是「偽科學終結者」。但是，謠言能終結嗎？偽科學能終結嗎？其實，光是看 PubMed裡面那近百年來，六十幾萬篇Misinformation的論文，就不難明白，健康謠言就跟新冠病毒一樣，怎麼可能清零？所以，就請您學會長長久久與健康謠言共存吧。

也有讀者來跟我說，他們看過我的書後，就好像打了疫苗，對健康謠言產生抗體，不會再受騙。但是，您一定聽說過，免疫力是會隨時間而下降的，所以有必要打加強劑。您現在手上拿的這本書就是「餐桌上的偽科學」系列的第五劑。

目 錄
contents

Part **1**
名人、名醫與偽科學

不管是為了流量、金錢或是自身支持的錯誤理念，
名醫、教授、營養師、藥師……不停地有「專業」
人士在醫學領域發表偽科學言論。希望看完這個章
節，讀者不會再被權威、頭銜或名氣蒙蔽，了解什
麼才是「科學性的論述」

1-1

醫療靈媒的「神奇」西芹汁療法

#芹菜汁、高血壓、名人、社群媒體

　　臉友吳小姐在 2022 年 1 月 16 號來信：「林教授您好，親友因罹患自體免疫疾病，無意間看到《神奇西芹汁》這本書後深信不疑。想請問您對於安東尼・威廉的西芹汁療法書籍，及他網站上慢性病患者恢復健康的回饋文，有何看法？他有一個 345 萬人追蹤的 FB 專頁，台灣也有個 4842 人追蹤的 FB 粉絲專頁，名叫『醫療靈媒，台灣粉絲團』。因為作者大部份都是教病患從天然飲食改善，但我讀過您的文章，發現這位作者有販售保健食品及其他商品的商業行為，就知道這其中並不單純。感謝您的回覆。」

沒有醫療專業的「醫療靈媒」

　　首先，有關安東尼・威廉（Anthony William）以及他的西

芹汁療法，已經有好幾位讀者來問過，但我實在不敢冒犯「神人」，所以都只簡單回覆。再來，吳小姐所說的「就知道這其中並不單純」的確是正中要害。還有，關於「安東尼·威廉的 345 萬人追蹤的 FB 粉絲專頁」到底有啥了不起，請看下一段「名人發佈的飲食資訊，能信嗎？」。那為什麼我會說「不敢冒犯神人」呢？我們來看看他是何許人物。他創設的網站「醫療靈媒」（Medical Medium）是這麼介紹他自己：

「安東尼·威廉天生具有與『慈悲之神』（the Spirit of Compassion）交談的獨特能力。慈悲之神提供給他遠遠領先時代的準確健康信息。四歲的時候他宣布祖母患有肺癌，儘管當時沒有症狀，但醫學測試很快就證實，因而震驚了他的家人。安東尼一直在利用他的天賦『閱讀』人們的狀況並告訴他們如何恢復健康。作為醫療靈媒，他前所未有的準確性和成功率為他贏得了全世界數百萬人的信任和喜愛，其中包括電影明星、搖滾明星、億萬富翁、職業運動員、暢銷書作家，以及來自各行各業的無數其他人。直到他向他們提供來自聖靈的洞察力，才能找到治癒的方法。對於需要幫助解決最困難病例的醫生來說，安東尼也成為了寶貴的資源。」

從這段介紹就可看出，安東尼·威廉是「天賦異稟」，從小

就具有與神溝通的能力，還能閱讀人們身體的狀況，幫他們恢復健康。他也在書裡說「上帝首次引導我推廣西芹汁是在 1975 年」。所以，對於這樣一位神人，我這麼一個凡夫俗子怎麼膽敢冒犯呢？

免責聲明中的玄機

「醫療靈媒」網站裡有一頁免責申明：「安東尼・威廉不是執業醫師、脊椎按摩師、整骨醫師、自然療法醫生、營養師、藥劑師、心理學家、心理治療師或其他正式許可的醫療保健專業人員，任何類型的從業者或提供者。本頁面提供的信息僅供參考，不應被視為醫療保健建議或醫療診斷、治療或處方。這些信息均不應被視為對利益的承諾、治癒的要求、法律保證或對實現結果的保證。此信息不能替代您的醫生或其他醫療保健專業人員的建議，或任何產品標籤或包裝中包含的任何通知或說明。您不應將此信息用於任何健康問題的診斷或治療或任何藥物或其他治療的處方。在更改或停止任何當前藥物、治療或護理、開始任何飲食、運動或補充計劃之前，或者如果您有或懷疑您可能有健康問題，您應該諮詢醫療保健專業人士。」[1]

所以，醫療靈媒神人都已經公開透明地說出自己不是任何

類型的醫療人員，而他所提供的資訊也不應被視為醫療保健的
建議，那您說，像我這樣一個凡夫俗子，還能雞婆什麼呢？

有資格雞婆的大概是要像「英國廣播公司」（BBC）這樣的
世界級媒體。它在 2019 年 9 月 22 號有發表一篇文章，標題是
「芹菜汁：如病毒散播的 Instagram『治癒』的大問題」[2]。其中
的一段是：「醫療靈媒」網站聲稱芹菜汁可以緩解癌症和糖尿病
等疾病。」，而另一段是：Austin Chiang 醫生是費城的胃腸病學
家，他告訴 BBC，醫療靈媒的說法沒有科學依據，而且「可能
對我們的患者有害」。

不管如何，為了要查看是否有科學依據，我用「芹菜汁」
（celery juice）在「公共醫學圖書館」（PubMed）搜索，搜到的
唯一一篇是 2021 年發表的文章，標題是「一位高血壓年長男性
攝入芹菜汁後的血壓變化」[3]。一名七十四歲男子出現頸部疼痛
和高血壓病史，體檢時血壓為 150/80。干預措施包括六個月內
每天攝入芹菜汁。頸部疼痛則是在十四次就診期間，對頸椎的
受限節段進行按摩。在護理結束時，他的血壓為 118/82。

所以，長期喝芹菜汁也許是能降血壓，不過這也只是觀察
性的單一案例。至於什麼癌症、糖尿病、憂鬱症、自體免疫疾
病……等等，有效沒效，我想您還是去問您自己信仰的神吧。

名人發佈的飲食資訊，可信度調查

前一段文章讀者特別提到了「醫療靈媒」的臉書粉絲團有 345 萬人追蹤，所以這段我想來聊一下所謂名人發佈的飲食資訊，到底可信度有多高。《美國醫學會期刊》（JAMA）在 2022 年 1 月 12 號發表了一篇有趣的論文，標題是「營養分析被高度追隨的名人發佈在社交媒體帳戶的食品和飲料」[4]。

這篇論文開頭就說，演員、選手和歌手這類名人有非常大的影響力，而他們在社交媒體所發布的「貼文」（posts）往往被粉絲認為是值得信賴的。所以，來自芝加哥大學和史丹佛大學的研究人員就想看看這些名人在社交媒體所發布的飲食資訊是否符合健康標準。他們共篩選出 181 位名人，包括 66 位演員和電視名人、64 位音樂藝術家和 51 位運動員。這 181 位名人（男 102，女 79）的平均年齡是 32 歲，而粉絲總數為 57 億（平均每人有 3150 萬粉絲，順帶一提，台灣人口是 2350 萬）。

這些名人從 2019 年 5 月到 2020 年 3 月共發布了 3065 則跟飲食相關的貼文，涉及 2467 種食品和 2713 種飲料。就發布的數量而言，零食和甜食是其他類別的三倍（920 篇，37.3%），其次是水果（313 篇，12.7%）、蛋白質（295 篇，12.0%）、混合菜餚（271 篇，11.0%)、蔬菜（269 篇，10.9%）和穀物（227

篇，9.2%）。在飲料中，酒精類佔了半數（1375 篇，50.7%），其次是咖啡和茶（524 篇，19.3%）、加糖飲料（374 篇，13.8%）和水（328 篇，12.1%）。

研究人員是根據美國農業部 2015 到 2016 年膳食研究食品和營養數據庫的資料來評定食物和飲料是否健康。這個數據庫包含了超過 8,600 種食品和飲料的每 100 克份的標準營養價值，而對於每種食品和飲料，研究人員從最匹配的條目中記錄了糖、鈉、飽和脂肪、總脂肪、能量、蛋白質和纖維含量。研究人員也是根據這個數據庫將食品分為十一個類別（水果、蔬菜、乳製品、蛋白質、穀物、混合菜餚、零食和糖果、脂肪和油、調味品和醬汁、糖、蛋白質和營養粉），以及將飲料分為八個類別（酒精飲料、加糖飲料、水、咖啡和茶、乳製品飲料、100% 果汁、減肥飲料、嬰兒配方奶粉和母乳）。

結果顯示，在 181 位名人中有 158 位（87.3%）的整體食物營養評分是不健康（也就是足以違反英國青少年廣告限制的法律），而只有 9 位名人（5.0%）獲得了健康的食物營養評分（另外 14 位名人沒有發布跟食物相關的貼文）。至於飲料，181 位名人中有 162 位（89.5%）獲得了不健康的整體飲料營養評分，只有 12 位（6.6%）獲得健康的營養評分（另外 7 位名人沒有發布跟飲料相關的貼文）。在單一食品和飲料項目水平上，2467 種食

品中的 1493 種（60.5%）和 2713 種飲料中的 1488 種（54.8%）獲得不健康的營養評分。

　　至於粉絲對這些食物和飲料貼文所做的互動，研究人員發現，越健康的食物所獲得的「讚」（like）和「評論」（comment）就越少。所以，這篇論文的總結是：正如本研究所發現的，不健康食品貼文與追隨者參與度增加之間存在關聯性，而這是給發布不健康食品貼文提供了潛在動力。然而，鑑於名人的被廣泛追隨，如果名人承諾發布更健康的食品和飲料資訊，則有可能塑造他們追隨者的看法，即健康飲食是有正當性和有價值的。追隨者也需要認清，社交媒體可能只代表了一個精心策劃、不完整的窗口，而不是讓人們了解名人的實際生活情況，例如飲食。

 林教授的科學養生筆記

1.「醫療靈媒」安東尼・威廉不是任何類型的醫療人員，而他所提供的資訊也不應被視為醫療保健的建議。另外，只有一篇醫學論文顯示長期喝芹菜汁也許是能降血壓，不過這也只是觀察性的單一案例。其他宣稱的療效則是毫無醫學根據

2. 2022 年 JAMA 論文：社交媒體可能只代表了一個精心策劃、不完整的窗口，而不是讓人們了解名人的實際生活情況，例如飲食

網球天王偽科學：再談無麩質飲食

＃西芹汁、骨質酥鬆、麵食、乳糜瀉、麩質恐懼、不孕症

喬科維奇的偽科學：無麩質、反疫苗、西芹汁

2022 年 1 月時，網球天王喬科維奇（Novak Djokovic）的疫苗風波橫掃全球，成為各大媒體爭相報導的頭條新聞，例如這篇《BBC 中文網》的文章，標題是「德約科維奇慘遭澳大利亞驅逐，他已成為反疫苗群體的偶像」。

本書上一篇關於西芹汁的文章，其實也跟喬科維奇有點關係，但我寫文時為了避免他耀眼的光芒遮擋到那篇文章的主角安東尼・威廉，所以才沒提起。在一篇推廣西芹汁療法的文章中，標題是「活用西芹汁提升免疫力！這個時代最有效、療癒全球數百萬人的靈藥」的文中就提到「無麩質飲食的喬科維奇曾公開表示自己受到安東尼・威廉的影響，每天飲用西芹汁」，並且附上一張喬科維奇手裡拿著西芹汁的圖片。

　　沒想到寫本文這天，我收到一篇麥基爾大學（McGill University）轄下的「科學與社會辦公室」（Office for Science and Society，OSS）的文章，標題是「喬科維奇給誰背書？為什麼？」[1]。這篇文章也用了同一張喬科維奇手裡拿著一杯西芹汁的圖片。OSS 是一個專門提供與社會相關的科學資訊的機構，尤其針對醫療方面。它在每週六會發布一份叫做「麥基爾 OSS 文摘」（McGill OSS Weekly Digest）的週報，裡面通常有四篇文章。這天的第一篇就在講喬科維奇，作者是 OSS 的主任喬·蘇瓦茲（Joe Schwarcz）博士，而文章的分類是「健康與營養」以及「偽科學」。這篇文章共有十一段，但喬科維奇只出現在第一段和整篇文章的最後一句，其他十段則都是在談安東尼·威廉和他的西芹汁。所以，我是為了要避免喬科維奇的光芒擋住安東尼威廉才沒提喬科維奇，但是喬·蘇瓦滋博士卻是利用喬科維奇的名氣來吸引讀者對安東尼威廉以及西芹汁的興趣。不管如何，我們就來看看這篇文章的第一段：

　　「當我讀到喬科維奇是如何認為他應該採用無麩質飲食時，我開始對他失去尊敬，而這是遠遠發生在那場澳洲鬧劇之前。也是塞爾維亞人的醫生伊格爾·西托喬維克（Igor Cetojovic）是這樣診斷出喬科維奇是患有麩質敏感性：他要喬科

維奇用左手拿著一片麵包放在肚子上，然後伸出右臂，然後他能把喬科維奇的右臂壓下，這樣就表示喬科維奇是患有麩質敏感性。從那時起，喬科維奇就一直遵循無麩質飲食，並且不吃奶製品。他也不想在他的飲食中加糖，但每天卻要先吃兩湯匙的蜂蜜。無論如何，這種飲食似乎對他有用，而他也將自己世界第一排名歸功於這種飲食。雖然我可以忍受喬科維奇薄弱的科學知識，但他對自封為醫療靈媒的安東尼·威廉的認可，讓我感到反胃。根據這位網球王牌的說法，安東尼用芹菜汁的治癒能力使無數人的生活變得更好。」

蘇瓦滋博士這篇文章提到的無麩質飲食，是很多不肖醫生提倡的飲食，但它卻是百分之百的偽科學。我在《餐桌上的偽科學 2》148 頁就有解釋過為何只有百分一的人需要戒除麩質。另外，我在這篇文章後半，也會破除「麵食會造成骨質疏鬆？」和「無麩質飲食可以改善不孕症，解決少子化」的迷思。

蘇瓦滋博士的文章提到的「壓手臂測試法」，也是台灣一位自稱是「哈佛醫生」的人曾經示範過的。她叫一位男士左手拿著手機或其他金屬器具（例如保溫杯），然後伸出右臂，然後她能把男士的右臂壓下，這樣就表示手機或金屬器具是帶有負能量。（關於這位「哈佛醫生」的事蹟，請看本書 31 頁）

不管如何，從喬科維奇對無麩質飲食和西芹汁的迷信就可看出，偽科學是如何深入人心。我在 2021 年出版的作品《偽科學檢驗站》前言裡有這麼一段：「無可奈何的事實是，真科學是藏在象牙塔裡，一般民眾根本就不會花功夫去找來看，而真的想看也實在看不懂。至於偽科學呢，那可都是有目的，都是為普羅大眾量身打造的，而且都是時時刻刻在我們周遭與我們做近距離接觸。所以，大多數人根本沒聽過偽科學這個詞，也不知道有偽科學這回事。對他們來說，保健品廣告裡那些讓人眼花撩亂的醫學名詞就是千真萬確的科學根據。」

麵食會造成骨質疏鬆？沒有證據

我侄女在 2019 年 7 月寄來一支 2018 年 12 月 11 號發表的 YouTube 影片，標題是「遠離骨質疏鬆、肌少症，骨科醫師教你怎麼吃」，內容是一位骨科醫師在講述麵食的害處。他說：「小麥含有麩質，容易造成腸胃道發炎，其中最常見的就是胃食道逆流。很多人為了緩解不適，就開始吃胃藥，吃太多胃藥就會讓胃酸濃度大幅下降，導致鈣離子無法離子化、蛋白質也沒辦法吸收，就會造成筋膜炎及骨質疏鬆」。這位醫師還說：「堅果是原形食物，並且富含好的油脂，吃下肚會比較有飽足感。 堅

果當中我最喜歡的就是夏威夷果，夏威夷果油脂高，所以吃幾顆就飽了，就不會很快就感到餓，又一直想進食。」

影片下面共有八十幾則回應，大多是感謝或認同，但也有很多是質疑，例如：「堅果怎麼可能吃幾顆就飽，反而越吃越多」「古代中國北方不產稻，小麥玉米為主食，他們怎麼生存的？」「堅果吃得飽？很閒沒事做的人才可以吧。健康飲食不是靠單一食材就能改善。這是在推銷米食嗎？」「中國北方人天天都不吃飯，都吃麵食。尤其山西那一帶的人吃麵食更甚。這做何解釋？」「不太能認同。堅果能吃飽嗎？堅果從來就不是廉價，你要吃多少堅果？很多地方都是以麵食為主體，但沒聽說有什麼身體的問題？」「老外都吃麵包，不吃米飯怎麼辦？」「夏威夷果可以吃幾顆就飽，老鼠？」「堅果每天只能吃適量。沒講清楚，有人會吃到飽為止還覺得吃整桶堅果非常好。」

我之所以會將這些回應列舉出來，主要是想讓讀者先知道，普羅大眾的一般邏輯就可以推理出這位醫師的言論是大有問題。至少，如果麵食會引發胃炎，造成骨質疏鬆，那以麵食為主的民族為什麼還能繁衍至今？為什麼還能一年又一年在奧運拿獎牌？

這位醫師說，麵食會造成骨質疏鬆是因為小麥所含的「麩質」會造成腸胃道發炎。可是，我搜遍醫學文獻，就是看不到

有這樣的記載。我到美國的「國家骨質疏鬆基金會」（National Osteoporosis Foundation）去查看骨質疏鬆的風險因子，也看不到有「麩質」或「麵食」這一項[2]。

我在 2019 年就寫過：儘管現在確定需要採用「無麩質飲食」的人口比率只有 1%，但是，你如果上網搜尋 gluten-free diet，一定會以為人人都需要吃「無麩質」。這是因為，就如有機和非基改一樣，無麩質也是被有心人士利用，成為好好撈一筆的商機。食品一旦貼上「有機」，「非基改」，或「無麩質」，就會被不明就裡的人誤認為是健康、高級、有格調，所以，價格當然也就跟著高級又有格調起來。如此，超市、自然療師、餐飲業者、營養師，一個個荷包滿滿，笑得合不攏嘴。補充：根據一項在 2011 年發表的研究，「無麩質」食品的價格是一般食品的二到六倍[3]。（關於有機食品和基改食品的迷思，請複習《餐桌上的偽科學》）

我也寫過《無麩質飲食，讓你不生病》這本書的作者大衛·博瑪特（David Perlmutter）醫師是如何編織「麩質謊言」，製造「麩質恐懼」，名利雙收。想不到，台灣也出現製造「麩質恐懼」的醫生，他這個影片就是為了推銷一本叫做《名醫的餐桌》而製作的（書裡有七位所謂的「名醫」）。但願這些名醫端出來的不是一盤又一盤的偽科學。

無麩質飲食改善不孕症？可能適得其反

臉書朋友 Chenhui Cheng 在 2021 年 5 月 14 號傳訊詢問：「這是一位治療青春痘名醫的文章，夫妻都是皮膚科醫師。我原本看到林教授您說到麩質過敏的人大概 1%，但是看了這個陳醫師的說法，感覺麩質過敏的人好多耶！而且還提到戒麩質還可以提高受孕機率。」

這位臉書朋友附上的文章是 2021 年 4 月 23 號發表在「輕鬆美膚」臉書網頁，內容是：「昨天陳皮發文，說戒麩質可能可以解決少子化，很多人以為陳皮是在搞笑，這誤會大了。下面這篇 paper 的結論陳皮說一下：意思就是嚴格的無麩質飲食很可能可以改善某些人的不孕症。另外一篇文獻提到，歐洲的不孕症門診，平均 100 對不孕夫妻有六對透過無麩質飲食後，成功懷孕。」

上面的連結打開的是一篇 2015 年發表的案例報告，標題是「非乳糜瀉麩質敏感和生殖毛病」[4]。這是一篇只有一位病患的案例報告，所以藉此證明「無麩質飲食可以改善不孕症」，未免是「看一個影，生一個子」。至於「輕鬆美膚」網頁所說的「另外一篇文獻提到……成功懷孕」，如果真的有這麼一篇文獻，為什麼不能提供連結呢，難道是此地無銀三百兩？

商機無限的「無麩質飲食」

請注意，「輕鬆美膚」這篇文章是很小心地用了「可能」這個字眼，但從這篇文章下面的讀者留言與對話就可看出，「可能」根本就只是一個掩護「肯定」的障眼法。其實，**推銷無麩質飲食的人（包括醫生和營養師），是多不勝數。而我也早就說過，這是因為無麩質飲食跟有機和非基改食品一樣充滿了許多商機。**

「輕鬆美膚」引用的那篇案例報告有兩位作者，其中的 Justine Bold 在 2018 年發表文章，標題是「探討在沒有乳糜瀉病的情況下避免麩質的動機」[5]。我把其中兩段的重點翻譯如下（合併成一段）：

無麩質食品市場呈指數增長。……自 2011 年以來，無麩質市場以每年 12.6% 的速度增長，但被診斷患有乳糜瀉的人數並未以這個速率增加。一項基於英國人口的研究發現，在二十二年的時間裡，乳糜瀉的發病率增加了四倍——但即便如此，也無法解釋無麩質市場的增長。有人認為，無麩質市場的增長可能歸因於人們遵循『時尚』飲食。其他可能的因素是名人和運動員對無麩質飲食的認可以及國際暢銷書的出版……

　　所以，縱然是「輕鬆美膚」所引用的作者，也認為無麩質市場的增長可能歸因於時尚、名人認可和暢銷書的出版。

　　我已經寫過：罹患「乳糜瀉」（Celiac Disease）的人的確是需要吃無麩質飲食。可是，現在卻有所謂的「非乳糜瀉麩質敏感」（Non-Celiac Gluten Sensitivity）的族群，而他們也被說是需要吃無麩質飲食。「輕鬆美膚」的另一篇文章就有說他們的粉絲就屬於這個族群。但問題是，這類人真的是對麩質敏感嗎，還是只是在追求時尚或尋求慰藉？

　　有關「非乳糜瀉麩質敏感」是真或假，目前醫學界還是爭論不休。在一篇 2015 年發表的論文，標題是「系統性評論：非乳糜瀉麩質敏感」[6]，此文開頭就這麼說：「非乳糜瀉麩質敏感是一種有爭議的新興毛病。儘管報告了與攝入麩質相關的症狀，但由於缺乏可靠的生物標誌物，非乳糜瀉麩質敏感仍然是基於排除乳糜瀉的診斷。無麩質飲食對非乳糜瀉麩質敏感患者的益處目前存在爭議。」

　　加州大學洛杉磯分校（UCLA）一個專門治療乳糜瀉的部門有發表一篇關於非乳糜瀉麩質敏感的短文[7]。此文最後一段是：「為了接受乳糜瀉檢測，您必須吃麩質！在您做乳糜瀉和小麥過敏測試之前，請不要開始無麩質飲食。」

　　兩位美國杜克大學的婦產科醫生在 2018 年發表論文，標題

是「一般的不孕症患者和患有乳糜瀉的患者可能會鬆一口氣」[8]，而他們的最後一句話是：「對於患者而言，看到這些數據並未表明為提高生育率和妊娠率而遵循限制性且昂貴的無麩質飲食有益，可能會讓人鬆口氣。」用白話文來說，無麩質飲食並不會提高生育率和妊娠率。所以，您真的要相信皮膚科醫師所說的「無麩質飲食可以改善不孕症，可以解決少子化」嗎？還有，請注意，無麩質食品的營養成分是不如正常食品，所以想要用它來提高受孕率，有可能會適得其反。請看 2020 年發表的論文，標題是「用於管理非乳糜瀉疾病的無麩質飲食：硬幣的兩面」[9]。

 林教授的科學養生筆記

1. 無麩質飲食是很多不肖醫生提倡的飲食，但它卻是百分之百的偽科學，其實只有百分一的人（罹患乳糜瀉的人）需要戒除麩質，卻被行銷成是一種大家都需要的飲食法

2. 2018 年的論文表明無麩質飲食並不會提高生育率和妊娠率。而且，無麩質食品的營養成分是不如正常食品，所以想要用它來提高受孕率，有可能會適得其反

1-3
用偽科學勸善的「哈佛醫生」

＃手機負能量、攝護腺癌、金屬、好話壞話

三百萬次觀看的荒唐演講

2016 年底回台探親時，我的姊姊要我看一個影片，那是一位女士的演講，標題是「慢性疾病如何做自然療癒」，此影片的說明欄還有註明：她原本是哈佛醫院的老師兼主治醫師，後來改學另類療法。儘管我們明知她是在胡說八道，但還是好玩地模仿她的「能量試驗」。結果當然是以失敗告終，笑了個人仰馬翻。怎知回美國後，我又陸續收到好幾次散佈這個影片的郵件（寄件人也有受過醫學訓練的人），而該影片那時也累積了將近兩百萬次點閱。因為最近一次的電郵註明「同鄉會求證」，所以我才終於決定寫這篇文章。

這個影片裡的「能量試驗」大概是這樣：這位演講人找了

一位男士做試驗。當這位男士手上拿著手機或腰上繫著金屬釦子的皮帶，他就會失去臂力。演講人解釋，一個人身上穿戴的金屬會影響到他的能量。她也說，「氣功師父都不穿有金屬的衣服」和「攝護腺癌是因為穿有金屬的衣服」

　　首先，我可以請讀者到任何一個正規的醫療網站去查看，看看是否有提到，身上穿戴金屬會增加攝護腺癌的風險。你也可以隨便找一片李小龍的電影，看看他是否有因為身上戴著金屬，而變成軟腳蝦。當然，最簡單的就是你拿自己做實驗，看看手上拿著手機時，老婆是不是就能把你打個稀巴爛。其實，華視新聞在 2016 年 8 月 27 日就有報導，新聞標題是「手機釋放負能量？信不信由你」，澄清了所謂的手機負能量根本就是胡扯，可惜這個影片也只有幾千次的點擊，而宣稱手機有負能量的影片時至今日，早已擁有超過三百萬次觀看。這位「哈佛醫生」的另類言論不只這則，請看下一段文章。

用偽科學勸善，不值得鼓勵

　　2017 年 8 月，朋友寄來一篇標題為「癌症的療癒」的文章。其中有這麼一段話：「我的幾個好朋友們也有用米飯和麵包做類

似的實驗。就是把煮好的米飯或麵包放在室溫下，一、兩個禮拜後他們發現接受好話（讚美、鼓勵、感恩）的米飯和麵包較不易腐壞，或是發霉速度較慢、顏色較漂亮、無異味；而接受壞話（批評、責怪、厭惡）的米飯或麵包則布滿了黑色或不好看的顏色的黴菌，甚至發出陣陣惡臭。台灣有很多小學的老師也曾帶學生做類似的實驗，在網站上可以看到他們實驗的結果。有興趣的朋友可以自己做做實驗。」

我上網搜尋這篇文章，赫然發現來源是一位自稱「哈佛醫師」的人的網站，發表日期是 2011 年 11 月 30 號，她也是上一段文章中宣稱「手機有負能量」的演講者。我照著她的意思搜尋有關「米飯和麵包接受好話壞話」的資訊，結果還真的看到一些。其中一個是公共電視發表在 2007 年 11 月 15 號的影片，只不過影片的結論是「這是一個假的流言」。另一個是「追追追」發表在 2008 年 6 月 19 號的影片，結論是「說好話的飯最先發霉」。請注意，這兩個影片比那篇「癌症的療癒」，早了三、四年發表。在這位「哈佛醫師」的網站還可以看到她說：

1. 她的一位病人之所以會得喉癌，是因為喜歡釣魚。

2. 快樂的細胞非常漂亮、有活力、飽滿。癌細胞卻是扭扭曲曲很難看的。

3. 水的結晶與人所投射給水的言語、心念或是所貼的文字是息

息相關的。例如：愛有美麗的結晶形狀、恨有很醜陋的結晶形狀。

她還在一個訪談節目裡說牛奶會引發過敏，增加骨折及致癌風險等等。而我在《餐桌上的偽科學》第38頁中早就考證過，主張牛奶會致病的人都是反對肉食，反對畜牧的人士。所以，他們所採用的科學證據都帶有人為的偏頗。

這位所謂的「哈佛醫師」有很多粉絲，這我可以理解，因為她總是喜歡說正能量，做好事，要有愛，不要殺生……等等聽起來很舒服的話。人總是喜歡聽好聽的話，但好聽的話背後隱藏了什麼，是釣魚會得喉癌或吃魚會得胃癌這種謬論？還有，如果好聽的話的背後，是為了出書賣書呢？

我非常清楚，絕大多數的人寧可相信美麗的謊言，也不願意聽傷心的真話。但是，我的網站和書籍（補充一下，全系列版稅捐贈給台灣弱勢青少年和兒童）既是以揭露偽科學為宗旨，也就不得不甘冒惹讀者傷心難過的大罪了。還好，我相信您一定不會怨，也不敢恨，因為怨恨會讓您的水形成醜陋的結晶，會讓您的米飯布滿不好看又發臭的黴，會讓您的細胞變得扭扭曲曲很難看。

林教授的科學養生筆記

1. 主張牛奶會致病的人都是反對肉食，反對畜牧的人士。所以，他們所採用的科學證據都帶有人為的偏頗

2.「米飯和麵包接受好話壞話」會影響食物發霉的程度、人所投射給水的言語會影響水的結晶，是早已被澄清的網路謠言

1-4

以油漱口可排毒？純粹的壞科學

＃另類療法、阿育吠陀、油拉、椰子油

我在 2016 年 10 月 17 號和 2018 年 6 月 11 號曾分別發文介紹那時最新的研究，表明口腔裡的一些壞菌可能會引發大腸癌和胰腺癌（收錄在《餐桌上的偽科學 2》68 頁）。讀者 Lance Wang 在 2020 年 1 月 8 號來信詢問：「教授您好。《別讓癌症醫療殺死你！》一書中提及口腔細菌等大多是脂溶性，建議以油漱口去除，以避免細菌等經由根管治療處、假牙縫隙、傷口及淋巴系統處影響全身，想請問教授對此的看法如何，是否有科學根據？謝謝。」

另類療法＝偽科學

讀者提到的這本書是 2015 年 3 月 28 號出版，全名是《別讓癌症醫療殺死你：毒理學博士的高成功另類療法關鍵報告》。

其實，讀者只要看到「另類療法」這個關鍵字，就可以肯定這是一本「偽科學」。不過，儘管我私底下跟這位讀者這麼說，他還是不願意接受，因為他認為作者是毒理學博士，怎麼可能會宣傳偽科學。

好，我們再看一次這本書的標題。它的意思就是說，正規的癌症醫療是會殺死你，而這本書提供的另類療法才是能救人的。**這種利用民眾害怕化療、電療的心理而來騙取信任和金錢的書籍和偏方，是多如過街老鼠，早已見怪不怪。**例如我曾揭露一位所謂的「醫界良心」的日本醫生近藤誠，說他實際上就只是迎合民眾對手術、化療和電療的恐懼心態，一而再再而三地出版「癌不需治療」的書而名利雙收。

不管如何，為了滿足這位讀者的要求，也讓其他讀者能見識到另類療法的虛偽，我就來分析這個叫做「以油漱口」的另類療法。我們先來看這本書裡的原文：「口腔毒素主要分為油溶性毒與水溶性毒，以油漱口能幫助排除前者，而高克痢是含黏土的止瀉藥，黏土能吸附帶正電的重金屬離子與帶正電的其他毒素。口腔毒素多但勤漱口者在一個禮拜內往往會發現頭腦變清楚了，這是我透過教學所得到、屢試不爽的回饋事實。」

「以油漱口」是源自古印度的「阿育吠陀」（Ayurveda）醫

學及養生觀念，原名是 kavala 或 gundusha，英文是 oil pulling。
這個英文名稱可以解讀為「用油來拔除口腔裡的毒素」或「用
油來拔除全身的毒素」（也有人直譯為「油拉」）。就全身的作用
而言，另類療法的推廣者聲稱以油漱口能治療約三十種疾病，
包括糖尿病、哮喘、皮膚炎、偏頭痛等等。

「以油漱口」目前最常用的油是椰子油，做法是將一大匙
（tablespoon）油放入口腔，然後用漱口的方式在齒縫間沖刷，
持續約二十分鐘後，將油吐掉，然後用清水漱口。補充說明：
網路上有人說試了一、兩次後就放棄，因為把有味道的油含在
嘴裡二十分鐘，實在很難受。

美國家喻戶曉的電視醫療節目「奧茲醫生秀」（Dr. Oz
Show）在 2014 年介紹「以油漱口」，導致了全國各地的牙醫
診所被民眾問爆了，所以「美國牙科協會」不得不立即做出回
應：「目前沒有可靠的科學研究表明以油漱口可減少蛀牙、增白
牙齒或改善口腔健康。因為缺乏科學證據，美國牙科協會不建
議將以油漱口作為牙齒衛生措施。美國牙科協會繼續建議您為
保持良好的牙齒健康，每天用氟化物牙膏刷牙兩次，持續兩分
鐘，每天用牙線清潔齒縫一次，不要吸菸。」[1]。更多關於奧茲
醫生更多充滿爭議的言行，請複習《餐桌上的偽科學 2》27 頁。

「用油漱口」的期刊論文，質量低劣

我到公共醫學圖書館 PubMed 用「油拉」（oil pulling）搜尋，看到三十篇論文，幾乎全都是發表在一些「阿里不達」的期刊。例如一篇 2020 年發表的綜述論文，篇名為「系統性評估：椰子油漱口對改善牙齒衛生和口腔健康的作用」[2]，此文發表在一個我從未見過的期刊，名叫 Heliyon，影響因子只有 0.4。儘管這篇論文的作者發現「數據不足以得出結論性發現，研究質量參差不齊，存在偏見的風險很高」，但是他們的結論竟然是「有限的證據表明，用椰子油漱口可能對改善口腔健康和牙齒衛生具有有益的作用」。

有一篇 2018 年發表在《英國牙科期刊》的評論很直接了當地就用這樣的標題：「壞科學：以油漱口」[3]。另外，美國有一個專門打擊偽科學的網站叫做「基於科學的醫學」（Science-Based Medicine），這個網站在 2014 年 3 月 12 號發表一篇文章，標題是「油拉你的腿」[4]，結論是：「油拉（以油漱口）是暗示性的錯誤稱謂，暗示從嘴裡拉出一些有害物質（毒素和細菌）。……用於一般健康或任何其他適應症，油拉純粹是偽科學。它的排毒聲明就跟所有排毒聲明一樣，都是毫無依據。除了作為口腔護理的不良替代品外，沒有任何證據或合理的理由要推薦油拉。」

　　所以，這位陳博士在他的書裡所說的「口腔毒素多但勤漱口者在一個禮拜內往往會發現頭腦變清楚了，這是我透過教學所得到、屢試不爽的回饋事實」，讀者還會相信嗎？

後續讀者回應

　　這篇文章發表約十一小時之後，讀者 ChunChuan 回應：「感謝教授提供的資訊，油漱這個亂象曾在台灣芳療業猖獗過一段時間。有些賣植物油的業者開課教民眾以各種植物油漱口，還標榜用不同植物油漱，會有不同功效。那時不少人信以為真。直到後來新聞媒體報導，有民眾長期用植物油長時間漱口，結果引發牙周病，也出現不少人口腔牙齒狀況變差的情形，甚至因漱口時間過久，造成口腔肌肉纖維化（不確定用詞是否正確，但就是口腔肌肉受損），這個油漱歪風才漸漸的退燒。如今回想，這件事情說到底，就是某些賣植物油的業者搞出來的促銷花招。」

　　這篇文章發表後隔天，又有位讀者 Michelle 回應：「謝謝林教授，看完這一篇太痛快啦！多年前我也曾相信油漱的功效，以第一道冷壓橄欖油進行油漱，嘗試兩次皆以牙齦發炎腫痛收場，證明油漱非但無法帶走口腔細菌，反而可能把細菌帶進原

來就不夠健康的牙齒或牙齦（例如裝了牙套的牙），使口腔環境更惡化。」

 林教授的科學養生筆記

1. 美國牙科協會：目前沒有可靠的科學研究表明以油漱口可減少蛀牙、增白牙齒或改善口腔健康。因為缺乏科學證據，美國牙科協會不建議將以油漱口作為牙齒衛生措施

2. 油拉是暗示性的錯誤稱謂，暗示從嘴裡拉出一些有害物質……油拉純粹是偽科學。它的排毒聲明就跟所有排毒聲明一樣，都是毫無依據

「名醫」的荒唐言論集：雞蛋與臭屁

＃蛋、膽固醇、卵磷脂、臭屁、大腸癌

2021 年 11 月 22 號讀者 Msjay 留言詢問：「教授您好，看到這篇報導由敏盛綜合醫院副院長江坤俊所說的，請問每天吃三顆蛋真的好處比較多嗎？另外他提到說卵磷脂可降低膽固醇，請問這是真的嗎，那如果是大豆卵磷脂呢？另外報導中提到說：讓某些人每天吃三顆蛋，連續十二週，血液中的總膽固醇居然下降 18%。所以江醫師說的某些人是哪些人呢？非常感謝您的回答。」

每天吃 3 顆蛋膽固醇狂降 18%？顛倒是非

讀者提供的是一篇前一天發表在《健康雲》的文章，標題是「一天不限一顆蛋！醫曝這吃法膽固醇狂降 18%」。此文這麼說：「雞蛋不僅不會讓膽固醇增加，反而可降低……江坤俊提到，美國康乃狄克大學先前做過相關研究，讓某些人連續十二

週每天吃三顆蛋，結果發現，這些人血液中的總膽固醇跟壞膽固醇都下降 18%。醫師指出，原因是蛋黃裡面有許多卵磷脂，而卵磷脂對膽固醇有二種好處，包括降低膽固醇吸收及增加膽汁裡排出膽固醇的量。」

其實，光是看到「總膽固醇跟壞膽固醇都下降 18%」就知道不對勁。因為，總膽固醇是包括了壞膽固醇和好膽固醇，所以，除非好膽固醇也下降 18%，否則總膽固醇和壞膽固醇不可能同時下降 18%。而這段文章所說的「江坤俊提到」，指的是這位醫師在 2021 年 11 月 16 號發表的一支影片，他的確是有說「美國康乃狄克大學先前做過相關研究」，「讓某些人連續十二週每天吃三顆蛋」，「這些人血液中的總膽固醇跟壞膽固醇都下降 18%」，及「原因是蛋黃裡面有許多卵磷脂」等等。

我用蛋（eggs）、膽固醇（cholesterol）及康乃狄克（Connecticut）這三個關鍵字在公共醫學圖書館 PubMed 搜索，共搜出十八篇論文。這十八篇論文都是出自康乃狄克大學營養系教授瑪莉亞・費南德茲（Maria Fernandez）的團隊，但是沒有任何一篇是有做「讓某些人連續十二週每天吃三顆蛋」這樣的實驗。

唯一一篇「吃三顆蛋」的論文是 2018 年 2 月 24 號發表的論文，標題是「與補充酒石酸氫膽鹼相比，每天攝入三個雞蛋可在

不改變 LDL/HDL 比率的情況下下調膽固醇合成」[1]。這項研究是
招募了三十名健康的年輕人，將他們隨機分配成兩組，一組每天
吃三個雞蛋，另一組每天吃 400 毫克的酒石酸氫膽鹼，共吃了
四週。經過三週的清除期後，這兩組人對調，原來吃雞蛋的人
改成吃酒石酸氫膽鹼，而原來吃酒石酸氫膽鹼的人改成吃雞蛋。

　　由此可見，江醫師所說的「讓某些人連續十二週每天吃三
顆蛋」是信口開河。還有，在這篇論文裡「卵磷脂」（Lecithin）
這個字是連一次都沒出現過。所以，江醫師所說的「原因是蛋
黃裡面有許多卵磷脂……」又是胡言亂語。

　　不管如何，這項研究的結果是：與吃膽鹼的時期相比，
食用雞蛋的人總膽固醇增加 7.5%，高密度脂蛋白膽固醇
（HDL-C）增加 5%，低密度脂蛋白膽固醇（LDL-C）增加 8.1%。
所以，明明是增加 7.5% 和 8.1%，卻被江醫師說成「這些人血
液中的總膽固醇跟壞膽固醇都下降 18%」。這可真的就是顛倒是
非了。補充：我查看了其他十七篇出自康乃狄克大學的論文，
全都說吃雞蛋會增加總膽固醇跟壞膽固醇。

雞蛋有益還是有害？爭論不休

　　事實上，雞蛋到底是有益還是有害，到現在都還是爭論不

休。我已發表過好幾篇文章來探討，有興趣的讀者也可以複習《餐桌上的偽科學》33 頁。

您也可以參考哈佛大學 2021 年發表的文章，標題是「雞蛋對您的健康有益還是有害？」[2]。它的最後一段是引用曾經是系主任的營養學教授華特・威力（Walter Willet）醫生。他說：「總的來說，我認為對大多數人來說每週不超過兩個雞蛋的舊建議實際上仍然是一個很好的建議。」

補充：本文發表後，有讀者反應，認為「每週不超過兩個雞蛋」太過嚴苛。但是，我引用這篇哈佛文章的目的，只是要凸顯「每天三顆蛋有益健康」這樣的說法是多麼偏離這位營養學權威的觀點。事實上，我也曾一再強調，蛋的攝取量是取決於個人的身體狀況和生活形態。

臭屁是大腸癌前兆？沒有科學根據

讀者 WANG 在 2022 年 1 月 14 號詢問：「教授，想請教放臭屁一定就是代表腸道內壞菌過多的意思嗎？因為我早上都固定吃大燕麥片配豆漿喝，中午就吃兩份的蛋白質，晚餐則是吃豆類製品（豆干）或一些肉。每天也有吃不少的蔬菜水果，早上都有運動習慣。可是不曉得為什麼每天放的屁都臭的，這是

代表我腸道長了不好的東西嗎？」

　　我是真沒想到，臭屁這個話題竟然是如此熱門，不論中文的還是英文的，網路文章真是琳瑯滿目，看不完又數不清。英文的還好，大多還算保守中肯，但中文的則不乏既響亮又撲鼻的，例如《健康 2.0》在 2020 年 12 月 16 號發表的文章，標題是「放臭屁，可能是大腸癌前兆！江坤俊提醒：6 種情況別忽視」。

　　有趣的是，「李宜霖胃腸肝膽科」在 2018 年 4 月 13 號就已經發表文章，標題是「常放臭屁可能是大腸癌的前兆？」，第一段開門見山就說：「『常放臭屁是大腸癌前兆』只是謠傳。這個傳聞在網路上經常被轉載，門診裡病患也常提及這個傳聞帶來的困擾。放臭屁多數與大腸癌無關，但可以當作是身體發出的訊號。」

　　更有趣的是，《中天快點 TV》在 2019 年 11 月 5 號，發表文章，標題是「放臭屁是大腸癌？外科醫：這 3 顏色大便才危險」，第一段也是開門見山就說：「許多人疑惑如果常常放臭屁，是不是得到大腸癌的前兆？基隆長庚一般外科副教授、主治醫師江坤俊表示，這是錯的，大腸癌跟放臭屁沒有絕對的關係……」

　　所以，這位江醫師在 2019 年接受採訪時說「常放臭屁是大腸癌前兆」的說法是錯的，但是在 2020 年卻在自己主持的所謂

的健康節目說「放臭屁可能是大腸癌前兆」。我想問江醫師，「可能」是有意義的嗎，還是只是為了脫責？

臭屁實驗的設計原理

不管如何，根據一篇 1998 年發表的論文，標題是「識別導致人體臭屁氣味的氣體並評估旨在減少這種氣味的裝置」[3]，臭屁的最主要臭味成分是「硫化氫」（hydrogen sulphide），然後是「甲硫醇」（methanethiol），然後是「二甲基硫醚」（dimethyl sulphide）。

為了要確保能取得臭屁樣本，這項研究是讓志願者在前一天晚上和當天早上各吃 200 公克的斑豆（pinto beans），並且在收集樣本之前兩小時再吃 15 公克的乳果糖（lactulose）。之所以會選用斑豆是因為大多數豆類，包括斑豆，含有大量的膳食纖維、抗性澱粉和硫。膳食纖維和抗性澱粉不能在小腸被消化，所以會進入大腸成為細菌的食物，而細菌在分解這些食物時就會產生氫氣、二氧化碳、和甲烷。豆類所含的硫則會被細菌轉化成硫化氫、甲硫醇、二甲基硫醚等帶有臭味的氣體。

乳果糖是半乳糖和果糖結合形成的雙醣，在臨床上是用來治療便秘。當牛奶被加熱時，乳糖就會轉化成乳果糖，而且是溫度

越高，產生得就越多。可是人體並沒有能分解乳果糖的酶，所以乳果糖會進入大腸成為細菌的食物，從而導致產生具有滲透力和蠕動刺激作用的代謝物（如乙酸鹽），以及甲烷氣體。

從這個實驗的設計就可看出，臭屁的形成是取決於兩個因素：一、氣體的形成，這是由於食物無法在小腸裡被分解，但可以在大腸裡被微生物分解，從而產生氫氣、二氧化碳、和甲烷等沒有味道的氣體。二、臭味的形成：這是由於食物中含有大量的硫，從而被轉化為硫化氫、甲硫醇、二甲基硫醚等帶有臭味的氣體。

容易形成氣體的食物通常是富含膳食纖維和抗性澱粉，而它們通常是被認為有益健康。所以，常放屁不見得是件壞事。另一種容易形成氣體的食物是牛奶，但這是因為大多數人，尤其是東方人，有「乳糖不耐症」的問題。這種人缺乏乳糖酶，所以無法在小腸裡分解乳糖，而沒有被分解的乳糖在進入大腸後就會被微生物分解，從而產生氣體。

至於臭味的形成，目前除了已知食物中的硫是最重要的元素之外，網路上的種種說法，包括出自許多胃腸科和腫瘤科的醫生，都是毫無科學根據。例如前面提起的「常放臭屁是大腸癌的前兆」，儘管我竭盡所能，花了數小時的時間搜查公共醫學圖書館 PubMed，但就是搜不到有任何可以支持此一說法

的論文。我也到幾家較有信譽的醫療機構搜查，包括梅友診所（Mayo Clinic，或譯梅約診所）、美國癌症協會、西奈山醫療系統、WebMD、紀念斯隆凱特琳癌症中心、美國 CDC，一樣是查不到有任何一家說放臭屁是大腸癌的徵兆。

讀者 WANG 所問的「還是代表我腸道長了不好的東西嗎？」，如果指的是大腸癌，那有可能就是被「不健康 2.0」這樣的節目給誤導了。至於為何「每天放的屁都臭的」，只能說是個人體質吧，例如，有些人的大腸裡可能有比較多或比較活躍的「臭氣生成菌」吧（沒有證據，只是臆測）。

不管如何，根據一篇 2005 發表的論文，標題是「號稱可降低臭屁味道的設備的有效性」[4]，炭纖維內褲能有效防止臭味的傳播。所以，我就用「炭纖維內褲」稍作搜索，發現市面上的確是有這種內褲。但是為了避免有推薦某某品牌之嫌，我還是請讀者自己去搜尋相關產品吧。

 林教授的科學養生筆記

1. 雞蛋到底是有益還是有害，到現在都還是爭論不休。我的建議是，蛋的攝取量是取決於個人的身體狀況和生活形態

2.「常放臭屁是大腸癌的前兆」，是毫無科學根據的

氫氣能治病療癌？

\#氫水、氫氣、癌症、赤木純兒

吸氫氣可療癌？真真假假

　　讀者 Leopold 2019 年 12 月 23 號在我的文章「氫水，真真假假」中回應：「教授您好，如果不是喝氫水，而是直接吸氫氣呢？文中提及的那篇鼻祖的論文，其結果是正面的？文中提及左卷教授說，人體會產生氫氣，無須額外補充。請教是哪個器官或環節會產生氫氣，氫氣在人體的循環式怎樣的？最近又大量接收到氫氣與癌症的資訊，其中一家廠商溙美生產之機型又宣稱與別家不同，他們是氫氧機，又與廣州的一家癌症中心合作做臨床，彷彿煞有其事樣。附上該家廠商的網址及商品，同時此家廠商也宣稱已發表多篇論文。抱歉問得有點多，謝謝。」

在回答這位讀者之前，我需要跟所有讀者解釋，在「氫水，真真假假」這篇文章裡我質疑喝氫水能治百病的聲稱（收錄於《餐桌上的偽科學 2》264 頁）。我也有說一篇發表於 2007 年的論文是所謂的「氫氣療法」的鼻祖，而它所做的實驗是讓老鼠吸入氫氣，而非喝氫水。我也有引用法政大學的左卷健男教授說：「跟氫水比起來，放屁放出的氫氣倒是更多些。人體本身就能生成大量氫氣，根本用不著特地喝氫水來補充。」。好，我現在可以來回答讀者 Leopold 的三個問題了。

問題一：如果不是喝氫水，而是直接吸氫氣呢？文中提及的那篇鼻祖的論文，其結果是否正面。

回答：是的，在那篇論文裡，直接吸氫氣的實驗所得到的結果是正面的。但是請注意，這是用老鼠做的實驗，看氫氣是否能保護大腦因缺血與再灌注而造成的傷害。

問題二：是哪個器官或環節會產生氫氣，氫氣在人體的循環式怎樣的？

回答：氫氣是大腸裡的細菌產生的，而這也就是為什麼屁裡會有氫氣。目前並不清楚氫氣在人體的循環。

問題三：一家廠商湀美生產之機型……與廣州的一家癌症

中心合作做臨床，彷彿煞有其事樣。

回答：我到該廠商的網站查看了所有它提供的臨床試驗以及論文。結果是，所有的臨床試驗都只是自己寫的或講的，沒有證據顯示他們曾做過任何臨床試驗或發表過任何論文。所有展示的論文都只是報導別人做的實驗，而這些實驗是跟這部機器毫不相干。

氫氣療癌？充滿問號的獨門

讀者 Ben 於 2021 年 2 月 9 號在上一段文章的回應欄裡留言：「那赤木純兒的呢？」雖然簡短，但咄咄逼人。我發表上一段，是在回應一位讀者的提問「廣州一家癌症中心聲稱做了許多氫氣療癌的臨床研究，是真的嗎？」，而我的回答是「沒有證據顯示他們曾做過任何臨床試驗或發表過任何論文」。

所以，讀者 ben 就拿「赤木純兒」來向我挑戰。赤木純兒（Junji Akagi）是一位日本醫生，而他的確是有在推行「氫氣療癌」。但，氫氣真的能療癌嗎？這位醫生在 2019 年 9 月 18 號發表一本書，原文書名是「水素ガスでガンは消える！？」（氫氣使癌消失了！？）。這本書在 2020 年 5 月 26 號在台灣被翻成「氫氣免疫療法讓癌症消失了！？日本腫瘤免疫權威告訴你如何快

速提升免疫，打造能迎戰疾病的身體」。

　　值得注意的是，日文版和中文版的標題都有驚嘆號和問號。那，為什麼會有驚嘆號和問號呢？讀者可以去博客來網站看這本書的「內容簡介」，其中有這麼一句話：「氫氣除了能用在對癌症的免疫治療上，也能活用在大範圍的各領域中，它能清除體內自由基達到抗氧化、減緩老化等，增進健康、長壽、瘦身等。」

　　這就讓我想起我之前引用過日本法政大學教授左卷健男的「名言」：「跟氫水比起來，放屁放出的氫氣倒是更多些」。不管如何，這本書共有八章，而第四章是「用氫氣治好了末期癌症患者」，第七章 是「用氫氣延長十年健康壽命」。真的嗎，氫氣真的能治好末期癌症患者？氫氣真的能延長十年健康壽命？本書頁面中還可以看到長達六頁的「內容連載」，而其中有這麼一句：「抗氧化保健食品不僅無法預防老化相關疾病，反而還會提高死亡率。」

　　其實，我早在 2016 年 6 月 6 號發表的文章「抗氧化劑能抗老抗病？」（收錄於《餐桌上的偽科學》125 頁），就有講：「**不止是對影響壽命的調查，所有對與老化有關疾病的調查，結果都顯示，抗氧化補充劑不但無益，反而有害。**」可是，直到現在，「**富含抗氧化物**」仍然是保健品業最喜歡用的行銷術語之一。

書籍宣傳與科學報告的落差

不管如何，此書「內容連載」裡最後一頁的標題是「即便被告知剩餘壽命也不用害怕！用氫氣消除癌症」，而裡面的內容是：「即便是第四期的患者，只要持續使用氫氣進行免疫治療，癌腫瘤就會縮小或消失，這樣的例子有很多。……可是雖然氫氣很好，能在兩星期這麼短的時間內快速改善症狀，仍是極其罕見的例子。大部分人都是在開始氫免疫治療後的二到三個月起，才開始出現癌腫瘤縮小的效果。因為通常需要這樣一段時間，氫才能活化 T 細胞，使之攻擊癌細胞。不過，就算癌腫瘤縮小或消失了，仍要持續進行治療一段時間。就算癌症看起來像是消失了，有時癌細胞仍殘存在體內。就算真的消失了，每天體內仍會產生五千個癌細胞，所以一旦結束治療，就會因免疫力降低而有癌細胞再度增生的危險性。」

這段話裡的種種聲稱都是沒有科學根據或自相矛盾，尤其是「只要持續使用氫氣進行治療，腫瘤就會縮小或消失，不過，就算腫瘤縮小或消失了，每天體內仍會產生五千個癌細胞。」，更是讓人猜不透氫氣到底是「能」還是「不能」消除癌症。

這本書的推薦人之一，一位副院長級的黃醫師說：「赤木

醫師從癌症治療的角度，發布了許多關於氫氧氣治療的經驗數據，給予人們新的治療觀點。」可是，我到公共醫學圖書館 PubMed 做搜索，只看到兩篇赤木純兒醫師發表的有關氫氣和癌症的論文。第一篇是發表於 2019 年，標題是「氫氣可恢復晚期結直腸癌患者用盡的 CD8 + T 細胞，從而改善預後」[1]。這篇論文所報導的病患是接受化療，而所謂的氫氣治療也只不過是輔助用的。更讓人失望的是，所看到的結果也只不過是 CD8 + T 細胞增加了。

第二篇是發表於 2020 年，標題是「氫氣激活輔酶 Q10 以恢復耗盡的 CD8 + T 細胞，尤其是 PD-1 + Tim3 + 終末 CD8 + T 細胞，從而導致肺癌患者更好的 nivolumab 結果」[2]。這篇論文所報導的病患是接受抗體治療，而所謂的氫氣治療也只不過是輔助用的。更讓人失望的是，所看到的結果也只不過是 CD8 + T 細胞增加了。

這兩篇論文都沒有報導病患的腫瘤變小或消失，也沒有報導病患的壽命延長了。也就是說，真正的科學數據與書上所講的種種，真的是有天壤之別。所以，您現在應該看得出，為什麼那本書的標題會有驚嘆號和問號了吧。還有，除了這兩篇論文之外，公共醫學圖書館裡就再也沒有其他有關氫氣和癌症的臨床研究報告。也就是說，就科學報告的層面而言，「氫氣療

癌」目前還是獨門功夫。

　　總之，所謂的「氫氣療癌」，實際上也只不過是「氫氣輔助療癌」。而縱然是「輔助」，此一療法目前也沒有得到主流醫學的認同。至於什麼腫瘤變小或消失，或什麼延長壽命，那也只不過就是書上寫的或媒體報導的。看看就好，別信以為真。

 林教授的科學養生筆記

1. 氫水是指添加氫氣的水，但人體本身就能產稱大量氫氣，不需要喝氫水來補充。氫水應用於醫療或是健康的療效目前也只停留在宣稱階段

2. 氫氣療癌，實際上也只不過是「氫氣輔助療癌」。縱然是「輔助」，此一療法目前也沒有得到主流醫學的認同

醫學顯影技術的謠言與釋疑

甲狀腺癌、牙科、X 光檢查、MRI、CT、原子彈、奧茲醫生

奧茲醫生帶起 X 光攝影會導致甲狀腺癌的謠言

我二姐在 2019 年 8 月 16 號寄來一支短片，內容是：「上週三，奧茲醫生在一個婦女節目中演講現今增長最快的女性癌病：甲狀腺癌。這是一個非常有趣的節目，奧茲醫生說這個在女性癌病中增長最快速的甲狀腺癌，可能跟病人在照牙科的 X 光片和乳房 X 光檢查有關。奧茲醫生指出，當牙醫幫您的牙齒照 X 片時，那個 X 機設備配有一個活動兜罩，可以舉起和包裹在你的脖子上，保護甲狀腺，但是許多牙醫懶得去使用它。此外，還有一種叫做『甲狀腺護罩』為病人在做乳房 X 光檢查時用，但很多時候都沒有使用⋯⋯」

奧茲醫生（Dr. Oz）是一位美國家喻戶曉的電視醫生。他主

持的「奧茲醫生秀」（Dr. Oz Show）有非常高的收視率。但不幸的是，他所傳播的醫療健康資訊卻大多是錯誤的，或是沒有科學根據的。

根據一篇 2011 年 6 月發表在放射線學網站「輻射今日」（Radiation Today）的文章[1]，奧茲醫是在 2010 年 9 月的一個電視節目裡說甲狀腺癌可能跟牙科的 X 光片和乳房 X 光檢查有關。這個節目在 2010 年的 12 月重播，之後這個所謂的醫療資訊就開始被大量傳播，而美國的許多醫療機構也開始大量地被病患要求提供「甲狀腺護罩」。

「美國放射學院」（American College of Radiology）和「乳腺顯像學會」（Society of Breast Imaging）在 2011 年 4 月初發表聯合聲明：「一則錯誤的媒體報導，患者從乳房 X 光檢查中獲得的少量輻射可能會顯著增加發展為甲狀腺癌。這種擔憂並不被科學文獻所支持。」

美國的各大醫療機構也都發表類似聲明。例如，加州大學舊金山分校在 2011 年 4 月 25 號就發表一篇文章，標題是「甲狀腺盾的爭議，拜奧茲醫生的節目所賜」[2]。此文結尾說：「乳房 X 光照相術的輻射劑量非常小，我們不建議使用甲狀腺護罩，因為它會妨礙良好的檢查。」

《美國放射醫學期刊》也在 2012 年 3 月發表一篇文章，標

題是「乳房 X 光攝影和甲狀腺癌的風險」[3]。此文結尾是：「自 1998 年以來，美國的甲狀腺癌發病率在女性和男性中大致相同。這種增加的發生率可能是由於改進的顯像技術導致兩性中更多的亞臨床甲狀腺癌的診斷，而不是乳房 X 光照相術使得婦女的輻射暴露增加。」

奧茲醫生本來還繼續辯解，不承認錯誤。但是，現在他的網站上有一篇沒有註明日期的文章，標題是「輻射線的建議」[4]。這整篇文章完全沒有提起他曾說過乳房 X 光會增加甲狀腺癌的風險，但是卻有這麼一句話，我翻譯如下：沒有科學證據表明乳房 X 光照相所產生的輻射會顯著增加患甲狀腺癌的可能性。奧茲醫生也在 2019 年 5 月 22 號，11 點 32 分發推特寫道：甲狀腺護罩不是乳房 X 光照相必需的[5]。

其實，有關 X 光照相的危言聳聽，有一位台灣江姓「名醫」是遠遠地比奧茲醫生更誇大，請繼續看下一段文章。

「名醫」說診斷攝影等於原子彈爆炸？

2019 年 1 月 16 號，好友傳來一支影片，標題是「你做了多少無效醫療？」，此影片在 2019 年 1 月 4 號發表，長度 3 分 59 秒，影片的下面有文字說明：「你知道，其實現今的治療和檢查 40%

是確定無效的，只有 13% 確定有效，剩下的還不確定！癌症篩檢只會發現癌症，沒辦法降低癌症發生率……你做的檢查、治療是必要的嗎？讓國內腎臟科權威江守山醫師告訴您。」在影片的第 23 秒處，江守山醫師說：「按照英國醫學期刊所做的回顧，他發現現今的治療跟檢查裡面只有 13% 是確定有效的，40% 是確定無效的」。與此同時出現的影像顯示「BMJ……4 May 2013」。

　　BMJ 是 British Medical Journal 的縮寫，應該就是江醫師所說的「英國醫學期刊」。至於「4 May 2013」，就表示江醫師所說的醫學資訊是來自 2013 年 5 月 4 日發行的《英國醫學期刊》。所以，我就到英國醫學期刊的網頁去搜尋，果然找到 2013 年 5 月 4 日發行的那一期。可是，我瀏覽那一期的整個目錄，卻完全沒看到有江醫師所說的醫學資訊，也就是說，這個影片的製作，是大有問題。

　　在影片的第二分鐘，江守山醫師說：「正子攝影加上斷層掃描的輻射劑量是 25 毫西弗……這個劑量等於你今天站在善導寺，看到距離善導寺一個捷運站之遠的台北火車站被丟了一個廣島級的原子彈，炸開來那個核子彈的蕈狀雲升上來，然後你被照了一下」。

　　首先說明，正子攝影就是 PET Scan（關於 CT、PET 和 MRI 的差別，請看本文最後一段）。我在網上量了一下善導寺到台北

火車站之間的距離，大約是 800 公尺。我也到一個提供廣島原子彈輻射劑量的網站查看，看到爆炸中心一英里（1600 公尺）外的輻射劑量是 360 毫西弗[6]。也就是說，在 800 公尺的距離，輻射劑量是 1440 毫西弗（由於輻射強度是與距離的平方成反比）。

25 與 1440 之間的差別，由此可見江醫師誇張的程度。至於 25 毫西弗是否危險，我請讀者參考兩個資訊。一個是來自江醫師所說的那個《英國醫學期刊》曾在 2014 年發表一篇論文，標題是「不要讓輻射恐嚇扼殺患者護理：你有 10 種方法讓診斷攝影輻射誘發癌症的恐懼傷害到患者」[7]。

另一個資訊是來自「美國醫學物理學家協會」（American Association of Physicists in Medicine）的聲明[8]，我翻譯如下：「目前，支持輻射劑量低於 100 毫西弗的癌症發病率或死亡率增加的流行病學證據尚無定論。由於診斷攝影劑量通常遠低於 100 毫西弗，當在醫療上使用是恰當時，對患者的預期益處很可能超過任何小的潛在風險。……這種預測可能導致媒體聳人聽聞的故事。 這可能導致一些患者擔心或拒絕安全和適當的醫療攝影，從而損害患者。」

請讀者注意上面聲明裡的兩個關鍵詞：「100 毫西弗」及「當在醫療上使用是恰當時」。也就是說，雖然還沒有證據顯示 100 毫西弗會增加癌症發病率或死亡率，但診斷攝影的使用與否還

是必須根據確切的醫療需要。

X 光護罩沒必要的原因

　　本篇文章的前兩段，都是在講名嘴醫生如何誤導民眾，讓大家以為 X 光診斷攝像是非常可怕。這一段要討論的是為何 X 光護罩是沒必要的。2020 年 1 月 15 號，KHN（一家致力於提供健康資訊的非牟利傳媒）發表了一篇文章，標題是「不用 X 光護罩：科學如何重新思考鉛圍兜」[9]，我翻譯整理如下：

　　2019 年 4 月「美國醫學物理學家協會」（American Association of Physicists in Medicine）建議不再使用 X 光護罩，並且得到「美國放射學會」和「溫和影像聯盟」（Image Gently Alliance，一個促進小兒科安全影像的團體）等多個團體的認可。美國食品藥物管理局也在去年四月提議從聯邦法規中刪除 1970 年代有關使用 X 光護罩的規定。這個建議預期會在 2020 年九月通過審核。與此同時，《國家輻射防護與測量委員會》（National Council on Radiation Protection and Measurements）也即將發布聲明，支持停止使用 X 光護罩。目前已經有數十家美國醫院不再使用 X 光護罩。而除了美國之外，加拿大和澳洲的醫療團體也都認可此一改變，英國也正在推行廢除使用 X 光護罩。（補充，不再使用護罩只是針對

病患。X光機操作員仍需戴護罩）。不再使用X光護罩的原因是：

1. X光護罩是在1950年代開始採用的，而當時是根據果蠅的實驗，以為X光診斷顯影會破壞DNA並造成先天缺陷。但是，現在已經知道，該果蠅的實驗結果並不適用於人。

2. 現代的X光診斷顯影所需的輻射量大約是1950年代的二十分之一。數十年來的研究數據表明，X光診斷顯影不會對患者的卵巢或睪丸造成可衡量的傷害，也不會對胎兒造成傷害。

3. X光護罩很難準確定位，因此經常會錯過應該保護的目標區域。根據美國醫學物理學家協會的說法，即使是放在正確位置，X光護罩也可能會無意間遮蓋醫生需要看的身體區域（例如吞下的物體的位置），從而導致需要重複做X光診斷顯影。

4. X光護罩也會啟動X光機上的自動曝光控制，導致增加對被檢查身體各個部位的輻射。

5. X光護罩無法保護患者身體免於X光所產生的最大輻射效應，即「散射」（scatter）。散射是輻射線在人體內部（包括在護罩之下）彈跳，最終將其能量沉積在組織中。

KHN這篇文章最後說，如果醫院不再用X光護罩，但牙醫繼續使用，可能會引起公眾的困惑。據估計，2016年美國所有醫院共進行了2.75億次醫學X光檢查，然而牙科診所則進行了

3.2 億次 X 光檢查。

　　約翰霍普金斯醫院的首席物理學家馬哈許（Mahadevappa Mahesh）說，在這個議題上，牙醫的參與較少，現在應該讓他們參加討論了。美國牙科協會說，雖然腹部可能不需要 X 光護罩，但仍會繼續建議盡可能使用鉛環來屏蔽甲狀腺。隸屬於物理學家協會的馬哈許告誡說，鉛環保護甲狀腺可能無濟於事，並且可能使新型 3D 牙科成像儀拍攝的圖像模糊不清。美國牙科協會表示，他們正在審查有關 X 光護罩的指南。

診斷顯影：CT、MRI、PET 是什麼？

　　前面講了各種醫學顯影的謠言和分析，可能還是有很多讀者搞不懂其中差別，最後一段就放上這篇我在 2017 年 4 月寫的文章，為讀者科普一下這幾種技術的差別和利弊，分別是 CT（Computed Tomography，電腦斷層掃描）、MRI（Magnetic Resonance Imaging，核磁共振）、PET（Positron Emission Tomography，正電子發射斷層掃描、正子攝影），以後就可以減少誤用名詞的可能性。

　　我之前與朋友聊天時偶爾會聽到某某人做過幾十切、幾

百切或是什麼共振、什麼正電子等等，越聽就越有急迫感。急迫，是因為朋友們對各種診斷顯影技術，不是一知半解，就是張冠李戴。可是，偏偏在這種聚會聊天的場合，又不能給大家來上個長篇大論的課。所以就覺得有必要寫一篇文章，來幫助讀者正確地認識一些常用的顯影技術。

上面提到的幾十切或幾百切，指的是 CT Scan（也叫做 CAT Scan，中文翻成電腦斷層掃描）。這個技術簡單地說，就是立體的 X 光。也就是說，它可以顯示身體內部器官的立體影像。像朋友們最常提到的就是「某某人做過多少切、看到幾條冠狀動脈阻塞」等等。所謂切，就是切片，也就是用 X 光來給器官做切片。切得越多片，影像就越清晰。目前我可以肯定的最高切數是 320，但我有看到 800 甚至 1500 的說法。且不管真相為何，請千萬不要盲目最求大數字。很多情況下 64 切就已足夠。真正重要的還是在「人」（請看結尾）。CT Scan 的優點是快速、無痛以及無需要求病患在掃描時保持靜止。它的缺點是，X 光可能會致癌，以及所使用的顯影劑可能會傷腎、引發過敏反應等等。還有一種叫做「低劑量電腦斷層」（LDCT，Low Dose Computerized Tomography）的技術，在本書 68 頁會再專文解釋其原理與風險。

另一個朋友們常提到的顯影技術就是 MRI，中文翻成「核

磁共振」。這是利用強大的磁場來引起原子核釋放電磁波，然後把不同的電磁波組合成影像。它的優點是安全（沒有放射線）及無痛。缺點是速度慢、噪音大、病患必須保持靜止，不可以有金屬物體（如心臟起搏器）等等。MRI 最常用於診斷脊椎病變（骨刺、椎間盤突出等等）及運動受傷。

另一個越來越常聽到的顯影技術是 PET Scan（正電子發射斷層掃描），這是近幾年才發展出來的技術，能很精確地診斷癌細胞的進展（良性、惡性、擴散與否等等）或消退（化療、電療是否奏效等等）。PET Scan 最厲害的地方（最獨特的功能），就是能顯示細胞的活性（如癌細胞是否很活躍）。反過來說，CT 或 MRI 只能顯示組織結構（如腫瘤的大小及位置）。除了癌症之外，PET Scan 也能有效地診斷神經系統疾病，如癲癇、阿茲海默和其他早期的癡呆症。PET Scan 最大的缺點就是需要注射帶有放射線的顯影劑（用來偵測細胞活性），但通常是在安全範圍以內。

最後，我希望讀者能了解的是，不管掃描機器是如何先進，它所顯示出來的影像，最後還是要由人（受過專門訓練的醫師）來做判讀。如果判讀錯誤，那縱然 1500 切也是枉然。我的一位至親曾因車禍而做了膝關節的 MRI。醫生說 MRI 顯示韌帶斷了，需要做手術。可是另外兩家醫院都說韌帶沒斷。後來過了半年，事實證明韌帶沒斷。又有一位好友的弟弟，明明身體健健康

康，卻被 CT 診斷有兩條冠狀動脈阻塞，把他嚇得寢食難安。後來到另一家醫院做 CT，結果是乾乾淨淨，沒有阻塞。所以，並不是說你做了最高檔的顯影掃描，就會得到萬無一失的診斷。一個正確的診斷是需要多方面的考量，而掃描影像只是其中一項。

顯影技術的優缺點

英文縮寫	CT	MRI	PET Scan
中文翻譯	電腦斷層掃描	核磁共振	正電子發射斷層掃描
原理	立體的 X 光	用磁場讓原子核釋放電磁波，組成影像	注入正子追蹤劑，追蹤代謝異常的特定細胞
特點	快速、無痛	安全（無放射線）、無痛	可顯示細胞的活性
缺點	X 光可能致癌和顯影劑可能傷腎的風險	慢、吵、病人需靜止	需注射帶有放射性的顯影劑

 林教授的科學養生筆記

1. 沒有科學證據表明乳房 X 光照相所產生的輻射會顯著增加患甲狀腺癌的可能性

2. 不管掃描機器是如何先進，它所顯示出來的影像，最後還是要由人（受過專門訓練的醫師）來做判讀。並不是說做了最高檔的顯影掃描，就會得到萬無一失的診斷

1-8

肺癌低劑量電腦斷層（LDCT）的風險

＃肺癌、老菸槍、假陽性、惰性癌症

　　讀者馬先生在 2019 年 2 月 11 號來信詢問：「林教授您好，再次感謝您為釐清正確醫療知識所做出的努力。有個問題一直想請教您的高見，談到肺部 LDCT，醫界似乎有兩種截然不同的見解，讓一般民眾感到莫衷一是。強烈建議大家去照 LDCT 的，是國內某教學醫院前院長。……不過，卻也有公衛界及醫界人士持反對意見。……不知林教授對此有何見解？」

重要！肺癌斷層篩檢的前提與風險

　　首先，我希望讀者能了解，所有的醫療決定，不管是篩檢或治療，都必須是根據「利與害」（Risk and Benefit）之間的評估。可無奈的是，同樣一個篩檢或治療，可能對張三是利多於害，對李四卻是害多於利。例如，根據《中時新聞》2015 年 8

月 3 號「陳建仁罹肺癌，低劑量 CT 救命」的這篇報導，LDCT 篩檢也許是救了陳建仁先生一命（補充：這是 2015 的事，他當時還不是副總統。還有，他從不吸菸）。但是，LDCT 篩檢卻也可能害了很多人的命。

LDCT 是「低劑量電腦斷層」（Low Dose Computerized Tomography）的縮寫。這是目前篩檢肺癌的唯一方法，但只適用於同時符合這三個條件的人：第一，年齡在五十五到八十歲之間；第二，老菸槍；第三，戒菸還未超過十五年。補充：所謂老菸槍的定義是，每天吸煙的包數 × 年數＝或 >30。例如，每天一包三十年以上，或每天兩包十五年以上……等等。這個規範，是所有美國主要醫療機構的共識，而就我所查得的資料，應該也是全世界主要醫療機構的共識。

LDCT 篩檢之所以不適用於其他人，是因為其假陽性率高達 96.4%，從而導致非常大量不必要的後續測試和手術。另外，它的輻射劑量是有致癌的風險，估計會導致每 2500 人中一人死亡。可是，台灣卻有醫師建議，所有四十歲以上的人都至少要做一次 LDCT。這個建議是出現在一篇 2019 年 1 月 25 號發表在《元氣網》的文章，標題是「科普好健康／LDCT 篩檢肺癌，早日揪病灶」。此文說，台大醫院前副院長王明鉅認為，目前罹患肺癌原因還沒完全被找到，有些女性沒抽菸、沒燒香、沒下

廚仍罹癌，建議四十歲以上成人，尤其婦女，如從未做過低劑量電腦斷層，至少應做一次，二至三年再做一次，即使僅發現結節，醫師都有臨床指引，為每個人做出適當醫療決策。

有一篇 2017 年 8 月 16 號發表在《今周刊》的文章更是以「發現已是末期！肺癌已成新國病，不抽菸也會得」的聳動標題，催促大家做 LDCT 篩檢。這兩篇文章都是認為，台灣因為空氣品質不好，使得不抽菸的人也會得肺癌，因此所有人都有必要及早做 LDCT 篩檢。

空氣污染是否會提高肺癌風險，雖然還沒有定論，但是，目前的研究是傾向於肯定。所以，建議把它列入 LDCT 篩檢的考量，並非沒有道理。尤其是，台灣主要的肺癌類型是腺癌，而此一類型通常是發生在非吸菸者身上。因此，西方國家的風險預測模型可能不適合直接應用於台灣。有鑑於此，台灣的中央研究院會同多家院校醫院在 2014 年開始進行一項大型的臨床調查，希望最終能建立一個適合台灣國情的肺癌篩檢計劃。

此一臨床調查的標題是「台灣肺癌高風險非吸煙者低劑量電腦斷層掃描篩檢研究」[1]。它有在 2018 年的一個會議上發表了初步結果，標題是「在台灣的國家肺篩檢計劃」[2]。至於最終是否會做出類似「四十歲以上的人至少要做一次 LDCT」的建議，目前尚不得而知（我個人認為可能性不高。另外，本書截稿前

有搜尋此計畫的後續論文，但沒搜到）。總之，篩或不篩，我希望讀者的決定是基於理性的思考，而非被煽起的恐懼。

LDCT 的促銷與女性肺癌的過度診斷有關

《美國醫學會期刊》（JAMA）在 2022 年 1 月 18 號發表一篇出自台灣的論文，可惜它卻沒有得到台灣媒體的重視。這篇論文的第一作者是高志文（Wayne Gao，台北醫學大學副教授），第二作者是溫啟邦（Chi Pang Wen，國家衛生研究院名譽研究員、中國醫藥大學講座教授），標題是「斷層掃描篩檢的促銷與亞洲女性肺癌過度診斷的關聯」[3]。

在進一步說明這篇論文之前，我想請讀者注意上一段文章是我在 2019 年 3 月就已經發表的。在這篇文章裡我有說台灣的媒體總喜歡用聳動的標題來催促民眾做肺癌篩檢，而台大醫院前副院長王明鉅還建議四十歲以上的人都應該做低劑量斷層肺癌篩檢。可是，這樣的建議卻是與世界各國的肺癌篩檢指南抵觸。好，我們現在來看這篇 JAMA 論文，其「引言」裡有這麼幾段話：

在台灣，肺癌的低劑量斷層掃描（LDCT）篩檢目前不在國民健康保險（健保）的覆蓋範圍內……。然而，醫療保健專業人

員和名人都強烈呼籲健保要覆蓋肺癌篩查。這些名人相信篩檢挽救了自己的生命。雖然台灣的醫院和醫生不能直接宣傳醫療服務，但 LDCT 篩檢已經在媒體和醫院網站上宣傳。篩檢價格低廉（約 150 至 230 美元），並提供給特定的群體（例如教師、消防員、中低收入婦女和原住民）作為免費的慈善服務。醫院可以從健保涵蓋的後續檢測、活檢和外科手術中獲得收入。

　　台灣女性經常出現在 LDCT 宣傳中。年輕女性進入最近購買的高精度 CT 掃描儀的圖像有附加戲劇性的語言：

- 避免像明星（名人）一樣死於晚期肺癌的悲劇。從未做過 LDCT 的人，尤其是女性，現在應該去做。
- 女性基因更脆弱，不易修復病變細胞，應該做定期檢查 [LDCT]。
- 以女性為對象的宣傳特別值得注意，因為台灣女性很少吸煙；自 1980 年以來，女性的吸煙率低於 5%。

　　這項研究發現，在 2004 年 1 月 1 號到 2018 年 12 月 31 號這十五年期間，共有將近六萬名台灣女性被診斷罹患肺癌，而 LDCT 篩檢的促銷是與早期肺癌發病率增加六倍有關，晚期肺癌的發病率則沒有變化，肺癌死亡率也穩定。也就是說，被 LDCT 篩檢出來的早期肺癌幾乎都是「惰性癌症」（indolent cancer），也就是不會致病或致命的癌。

這篇論文的結論是，除非隨機試驗可以證明對低風險群體有一定價值，否則 LDCT 篩檢應僅針對重度吸菸者。

衛福部：LDCT 篩檢慎思量

台灣衛福部在 2021 月 5 月 20 號有發表文章，標題是「顧肺四招守護您的肺」，第三招是「篩檢慎思量」：「然而 LDCT 肺癌篩檢可能衍生以下風險，提醒民眾在決定做篩檢前應事前瞭解：1. 過度診斷的疑慮：使用低劑量電腦斷層肺癌篩檢，會診斷出惡化緩慢的肺癌，這些人就算不接受篩檢，終其一生亦可能不會出現症狀或提早死亡，因此會有少數的比例屬於過度診斷、多治療。2. 假警訊的壓力：美國大型試驗指出，重度吸菸者接受 LDCT 篩檢，每四人就有一人為陽性，但每一百位陽性個案中只約有四人診斷為肺癌，假警訊恐造成民眾不必要的心理負擔。3. 輻射暴露的風險：LDCT 肺癌篩檢平均一次的輻射線暴露約為 1.5 毫西弗，約為在臺灣一年的天然背景輻射量。」

其實，衛福部不到一年前所說的這些東西，我在三年前就已經說了。

林教授的科學養生筆記

1. LDCT 肺癌篩檢可能衍生以下風險：1. 過度診斷的疑慮 2. 假警訊的壓力 3. 輻射暴露的風險。所以目前的建議都是 LDCT 篩檢應僅針對重度吸菸者

2. 根據 JAMA 2022 年 1 月出自台灣的論文：被 LDCT 篩檢出來的早期肺癌幾乎都是「惰性癌症」，也就是不會致病或致命的癌

首席品水師提倡的喝水迷思

＃咖啡、茶、飲料、水

2021 年 11 月 11 號，我在臉書看到朋友蔡醫師在推薦一本書。這位蔡醫師的言論一向是不會逾越醫學規矩，但是他推薦的這本書卻很明顯地違背了醫學規矩，所以我就留言：「實在是很不幸的誤導」。蔡醫師也立刻用私訊來跟我討論，而之後他自己做出決定，刪除了那篇貼文（為了避免造成他的困擾，我就不說出他的名字）。

茶當水喝是慢性自殺？品水師的胡扯

這本書是在 2021 年 9 月出版，書名是《最高喝水法：台灣首席品水師教你正確喝水，深度改變健康與生活》。從「深度改變健康與生活」就可看出，這本書是深切地觸及到健康議題。再加上此書序言是由一位前台大醫院院長所撰寫，這本書儼然

就成了一本醫學指南。可是，這本書的作者並沒有受過任何正規醫學訓練，而她的大學教育是經濟系，所以她能寫出這麼一本醫學指南，著實讓我感到深度佩服。

我不知道「台灣首席品水師」的「首席」是根據什麼樣的認證，但不管如何，這本書裡給作者的介紹是「遠赴德國杜門斯學院（Doemens Academy）學習品水，取得品水師證照」。所以，我就到此校的網站查看，看到品水師的訓練是一個為期兩週共九天的課程，然後在第十天考試，頒發證照。在這個九天的課程裡，學員主要是學習如何品水，也就是感官訓練，而一個勉強可以算是跟健康常識有關的課堂也僅僅是一個半小時長。所以，這位作者能從這麼一個短短的訓練就搖身一變成為醫學專家，又再次讓我感到深度佩服。

這本書所觸及的健康議題是多不勝數，例如睡眠、過敏、頭痛、頭暈、心悸、焦慮、腰痠背痛、關節疼痛、便秘等等。這些我們都無可厚非，畢竟我們全身所有器官的運作都是跟水有關（也就是說，說了等於沒說）。但是，它所說的「用飲料取代喝水，簡直是慢性自殺」，就非常值得商榷了。

「時報出版」是這本書的出版社，而相關的《中時新聞網》在 2021 年 10 月 5 號就發文，標題是「今日最健康，咖啡、手搖飲當水喝是慢性自殺，喝一杯該補多少水？」。這篇文章根據這本書作者的論述，製作了一個圖表，將蜂蜜檸檬水、牛奶、

豆漿、咖啡、茶飲都列入「不能計入當日飲水量」。

茶、咖啡及大多數飲料都可計入每日飲水量

關於飲料是否能計入飲水量，我早在 2017 年發表的文章中（收錄在《餐桌上的為科學》24 頁）就引述過三個可信度較高的資訊，分別是：一、梅友診所（Mayo Clinic）說：「每天喝八杯八盎司水」應該重新定義為「每天喝八杯八盎司液體」，因為所有的液體都應當計入每日總量。諸如牛奶、果汁、啤酒、葡萄酒和含咖啡因的飲料，如咖啡、茶或蘇打水也都算數[1]。二、WebMD 說：咖啡和茶也算在每天總數。許多人過去相信咖啡和茶會造成脫水，但這個迷思已被推翻[2]。三、「美國國家科學、工程和醫學研究所」說：我們沒有制訂每日水攝取量的確切要求，但建議從任何飲料及食品，每天攝取約 2.7 升（女士）或 3.7 升（男士）[3]。

其實，網路上有非常多的資訊已經清楚表明，大多數飲料，包括咖啡、茶、果汁、牛奶等等，都可以計入飲水量。但為了節省篇幅，我就只再引用哈佛大學公共衛生學院的文章，此文說：「儘管長期以來一直認為咖啡因具有利尿作用，可能導致脫水，但研究並未完全支持這一點。數據表明，每天攝入超

過 180 毫克的咖啡因（約兩杯煮好的咖啡）可能會在短期內增加一些人的排尿量，但不一定會導致脫水。因此，包括咖啡和茶在內的含咖啡因的飲料會增加每日水的總攝入量。」

有這麼多的相關資訊，這本書卻還是繼續在傳播「用飲料取代喝水，簡直是慢性自殺」，這樣的錯誤觀念。這就是為什麼我會在蔡醫師的臉書留言：「實在是很不幸的誤導」。

這篇文章發表之後四天，讀者 KCW 留言：「我也是品水師，也考取同樣德國機構的認證，品水課程除了難度很高的感官品評外，我的心得就是一門超級通識課。認同教授的說法，不會因為花很多錢上完這個課程就忽然變成專家，食品科學甚至醫學都是相當嚴謹的。台灣一共約有三十位品水師，該作者既不是第一個考取資格，也不是品水大賽的冠軍，所謂『首席』也是自己封的，嘩眾取寵的偽專家，看來也是炒作。」

常喝茶和咖啡的人較不會得中風和失智症

上一段文章發表後，有幾位讀者來問，是不是喝水會比喝茶或咖啡來得健康，而我的回答是「就生理而言，水是最健康的，但人的行為還有心理的因素」。其實，隨便在網路一查，就

會看到某某醫生或營養師說水是最健康的飲料。可是，醫學文獻裡卻有非常大量的論文指出茶和咖啡對健康的種種好處。所以，我的一貫態度就是，除了加糖飲料之外，喝自己喜歡喝的飲料，不要管它是不是比這個健康，比那個健康。

但是，為了要更進一步去除「喝茶或咖啡是慢性自殺」這樣的錯誤觀念，我介紹一篇 2021 年 11 月 16 號發表的關於茶和咖啡的研究論文，標題是「咖啡和茶的攝入量以及患中風、失智和中風後失智的風險：英國生物銀行的一項隊列研究」[4]。這項研究的對象是來自英國生物銀行的 365,682 名志願者（五十至七十四歲）。 他們是在 2006 至 2010 年加入研究並被追蹤至 2020 年。研究的結果是：

1. 每天喝 2 至 3 杯咖啡和 2 至 3 杯茶的人中風風險降低 32%。
2. 每天喝 2 至 3 杯咖啡和 2 至 3 杯茶的人失智風險降低 28%。
3. 咖啡和茶的攝入量與缺血性中風和血管性失智的風險降低有關聯性。
4. 茶和咖啡的組合與較低的中風後失智風險有關聯性。
5. 每日飲用三至六杯咖啡和茶的人發生中風後失智的風險最低。

這些結果雖然都只是關聯性，但卻很明顯地指出，茶和咖啡是對健康有益。所以，請讀者千萬不要相信「用茶或咖啡取代喝水，簡直是慢性自殺」。當然，如前所述，除了加糖飲料之外，要喝什麼樣的飲料，還是個人選擇，無所謂對錯好壞。

　　補充，我在寫這篇文章時，上網查資料，赫然發現有一位泌尿科醫師竟然也說因為茶和咖啡會加速水分排出，所以不可以算是水分。這篇文章是 2021 年 9 月 17 號發表在《自由健康網》，標題是「喝飲料補水？醫：就算無糖也不行」，而此文也是在一開頭就說「人體有七十 % 是由液體組成」。我也寫過：「大多數叫大家要多喝水或是要怎樣喝水的人，都會有類似這樣的一個起手式：水佔了人體的百分之七十，所以一定要正確和充分地補充」。

　　所以，這篇《自由健康網》的文章又再次印證了我所說的：「這些莫名其妙的邏輯和數字遊戲，被江湖術士用來騙騙錢也就算了。可是，偏偏就是有一大堆醫師、營養師或什麼首席品水師也拿它們來出書、上電視、搞網紅。這可真的就是超級悲哀」。

林教授的科學養生筆記

1. 已經有非常多可靠資訊清楚表明，大多數飲料，包括咖啡、茶、
   果汁、牛奶等等，都可以計入飲水量

2. 醫學文獻裡有非常大量的論文指出茶和咖啡對健康的種種好處。
   我的建議是除了加糖飲料之外，喝自己喜歡喝的飲料，不用管它
   是不是比這個健康，比那個健康

1-10
再談橄欖油與炸油選擇

#特級初榨橄欖油、黃豆油、EVOO、植物油、天婦羅

黃豆油比橄欖油不適高溫？詳細解釋

　　讀者 Ivan Chou 在 2019 年 6 月 18 號詢問：「林老師您好，常常看您的文章，您在學術界的資歷，與面對科學研究的嚴謹態度，與幫助我糾正許多被誤導的觀念。最近看到一篇您的文章『椰子油，從來就沒健康過！』提到『像大豆油、玉米油及芥菜籽油這類大宗油品，是最適合用於煎炒炸，而比較嬌貴（不耐高溫）的橄欖油則適合用於涼拌沾醬。』但我在蔡蘊明老師的文章中又讀到：植物油中的黃豆油是常用的油，其亞麻油酸（ω6）含量高，高溫穩定性相較橄欖油會較低，如何使用要注意；玉米油與葵花油亦是如此，尤其是葵花油最不適合高溫的處理。這裡的差異，很想進一步再請問一下您的看法？」

　　讀者提供的是一篇 2013 年 11 月 5 號發表的文章，標題是

「油理油趣——淺談食油的化學」。它的確有說黃豆油比橄欖油不適高溫，而此一說法的確是跟我在《餐桌上的偽科學》這本書裡所說的相反。所以，我必須做個解釋（尤其是該文章的作者是台灣大學化學系的名譽教授）。

首先，為了易於了解，我就不談玉米油或葵花油，而只專注於黃豆油和橄欖油之間的比較。我想大多數人應當聽過「起煙點」或「煙點」，也應當知道煙點越高的食用油，就越適合用於高溫烹調。黃豆油的煙點大約是在攝氏 232 度到 257 度之間。至於橄欖油的煙點，則需要看它是屬於哪一等級（萃取方法）。

常見食用油的煙點

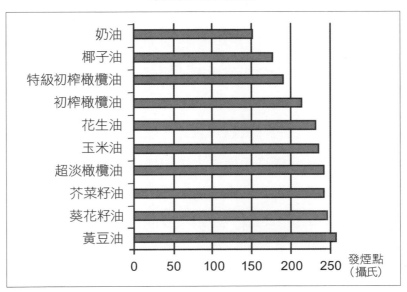

資料來源：bit.ly/3PLWuHD

　　最高級的橄欖油，也就是特級初榨橄欖油，煙點是在 163
度到 210 度之間。這也就是我所說的「比較嬌貴（不耐高溫）
的橄欖油」，而它是適合用於涼拌沾醬。級別較低的橄欖油，
煙點是在 218 度到 241 度之間。這種橄欖油不具有高級橄欖油
的特殊風味，因此不適合用於涼拌沾醬，而較適合用於煎炸烹
調。但是，縱然是低級別的橄欖油，其煙點還是低於黃豆油。
所以，「黃豆油比橄欖油不適高溫」的說法，並非正確。當然，
我知道有些網站的確是有說，低級橄欖油的煙點是稍微高於黃
豆油，但是，我卻沒有看到任何一個資訊說，高級橄欖油的煙
點是高於黃豆油。

　　不管如何，我們就假設低級橄欖油的煙點真的是稍微高過
黃豆油，那請問，您會相信橄欖油比黃豆油是更常被用於高溫
烹調嗎？如果您的答案是否定的，那，「黃豆油比橄欖油不適
高溫」的說法，又有什麼實質意義？難道從此以後，黃豆油就
會被橄欖油取代？總之，廣受大眾追捧的特級初榨橄欖油，是
絕無可能會比黃豆油更適合高溫烹飪，而一般東方人較少使用
的低級橄欖油，頂多也就只是跟黃豆油打個平手。補充：本文
的三篇參考資料，我放在附錄，有興趣研究的讀者可以去找來
看 [1]。

油炸適合什麼油？特級初榨橄欖油的商業手法

讀者 Sandy 在 2021 年 6 月 30 號來信詢問「油炸到底要用什麼油」，節錄如下：「林教授您好，我是偽科學系列書籍的讀者，看完真的是獲益良多，打破了我以前自以為養生的許多觀念，也積極分享給身邊親友。最近想做日式天婦羅，想知道用什麼油炸比較安全，在 YouTube 上看到一個影片，聳動的標題『23 種油科學分析！標榜健康的反而致癌？適合熱炒油炸的油有哪些』。內容大致是說：要用氧化穩定度而非發煙點來看適不適合油炸，而 EVOO 橄欖油的氧化穩定度最高，所以最適合油炸。可是在片尾有個連結在團購 EVOO 橄欖油，讓我開始懷疑這影片的可性度。」

Sandy 所說的這個影片是在 2021 年 5 月 7 號發表，目前有二十多萬個點擊，六千多個讚，和六百多個留言。我看了最新的幾十個留言，全都是感謝和讚揚。這個影片的開場白是「可是其實越健康的油就越容易產生致癌物」。這麼一句高深莫測的開場白，當然是會把一時間轉不過頭來的觀眾唬得一愣一愣的。可是，如果你有時間稍微想一下，就會明白它是互相矛盾，違反邏輯。就拿這個影片所要推銷的 EVOO 橄欖油來說好

了。難道說，它是最健康，所以最容易產生致癌物？還是說，它是最不健康，所以最不容易產生致癌物？

　　不管如何，為了要討論這個議題，我需要先解釋幾個名詞。EVOO 是 Extra Virgin Olive Oil 的縮寫，中文翻做「特級初榨橄欖油」。就食用油的製作而言，「特級初榨」（Extra Virgin）的意思是「只經過萃取，但沒經過提煉」，這樣的油含有最多的雜質，包括抗氧化物和具有特殊風味的化學物質。反過來說，精煉油（Refined oil）則是經過提煉，去除雜質，從而失去大多數抗氧化物和風味。

　　「特級」當然也就昂貴，所以它只會出現在像橄欖油、苦茶油、酪梨油、夏威夷果油、椰子油等的高檔油品。至於大眾化的油品，如黃豆油、芥菜籽油、玉米油和葵花籽油，就不會有「特級初榨」這樣的等級。

選擇炸油的指標，發煙點和氧化穩定度

　　「發煙點」（smoke point）指的是油在加熱時開始冒煙的最低溫度。一般來說，發煙點越高的油品，就越適合用於高溫烹煮（油炸）。不過，這個說法就是那個影片所不認同的。不管如何，發煙點和精煉度是呈正相關性，所以「初榨橄欖油」的發

煙點是高過於「特級初榨橄欖油」的發煙點，而大眾化的黃豆油、芥菜籽油等就有很高的發煙點。

「氧化穩定度」（oxidative stability）指的是油品抗氧化的能力。油品所含脂肪酸的飽和度越高（碳鏈裡的雙鍵越少），它的氧化穩定度就越高。所以，動物性脂肪（如豬油及奶油）及椰子油的氧化穩定度就很高。大眾化的油品（如黃豆油及芥菜籽油）的氧化穩定度就偏低，而橄欖油、苦茶油、酪梨油的氧化穩定度則是介乎兩者之間。還有，含有越多抗氧化物的油品，氧化穩定度就越高，所以越精煉的油品，氧化穩定度就越低。

從以上的解釋可以看出，跟一般大眾化油品相比，特級初榨橄欖油的發煙點是較低，但氧化穩定度則較高。所以，那個影片為了要推銷特級初榨橄欖油，就辯解油品之適不適合用於油炸是取決於「氧化穩定度」，而不是「發煙點」。

這個說法其實是源自一篇 2018 年發表的論文，而該影片在 3 分 03 秒時就有顯示這篇論文。事實上，網路上有非常多推銷「特級初榨橄欖油」的文章及影片也都是把這篇論文當作是他們的科學根據。這篇論文的標題是「不同商品油在加熱過程中的化學和物理變化評估」[2]。此文是發表在一個叫做《科學營養健康學報》（Acta Scientific Nutritional Health）的期刊，該期刊的影響因子是很低的 0.8，也沒有被 PubMed 收錄。所以，把這麼

一篇低檔的論文當成圭臬，實在是很可笑。

橄欖油論文暗藏商業吹捧

　　這篇論文的三位作者是隸屬於一家叫做「現代橄欖實驗室服務」（Modern Olives Laboratory Services）的澳洲公司，而這家公司的業務就是專門在為橄欖油業者提供實驗服務。也就是說，這家公司的營收是來自橄欖油業者。這篇論文裡的實驗方法和數據都很繁複，所以有興趣的讀者就請自行查閱。我在這裡就只提出一點質疑，那就是，在此論文（請見註釋 2）的圖表一裡的油品種類欄裡竟然有兩項 CO（Canola Oil，芥菜籽油），而它們的相關數據是完全不同。

　　另外我也要指出，「氧化穩定度」的測定其實是有很多不同的方法，但是這篇論文只採用其中之一，而且並不是油炸，所以它的結果並不可以被解讀為「適不適合用於油炸」。事實上，根據我的搜查，這篇論文是唯一提出「氧化穩定度比發煙點重要」這個論點的文獻。還有，請讀者一定要搞清楚，「容易產生致癌物」並不等於「會致癌」，所以這個影片只是故意用「容易產生致癌物」來讓大家對一般常用油品感到恐懼，以達到它推銷特級初榨橄欖油的目的。同樣也是事實的是，一般常用油品

可能已經有添加抗氧化物來增加它們的氧化穩定度。請看附錄的這篇文章，標題是「用抗氧化劑提高煎炸油的氧化穩定性和保質期」[3]。

最後，我請讀者也想一想，除了價格昂貴之外，特級初榨橄欖油還具有濃烈的風味，所以您真的會想要用它來製作日式天婦羅嗎？就我搜查過的廚藝網站，除了專門在推銷橄欖油的之外，全都不建議用橄欖油來製作天婦羅。請看這兩篇文章，標題分別是「五種做天婦羅最好的油」[4]，以及「你可以用橄欖油油炸嗎？」[5]。

補充：我這篇文章並不是要質疑 EVOO 可以加熱或油炸，只是在駁斥 EVOO 是最健康，最適合油炸的論調。畢竟，直至目前，沒有任何臨床證據可以支持這個觀點。另外，關於食用油的選擇，我也寫過：**總之，就健康層面而言，凡是合法製作的植物性油，都是好油。至於動物性油及椰子油，由於含有較高量的飽和脂肪酸，所以最好是偶爾為之。**（收錄在《餐桌上的偽科學》第 18 頁）

林教授的科學養生筆記

1. 廣受大眾追捧的特級初榨橄欖油，是絕無可能會比黃豆油更適合高溫烹飪，而一般東方人較少使用的低級橄欖油，頂多也就只是跟黃豆油打個平手

2. 適合高溫油炸的油品有兩個評估點，即「發煙點」和「氧化穩定度」。橄欖油雖然氧化穩定度高，但發煙點較低，又有特殊的風味，所以較不適合用來油炸

Part 2
新冠疫情與疫苗謠言

新冠疫情持續席捲，錯誤資訊的紛擾可能掩蓋了正確的資訊，所以我們需要更加了解疫情、疫苗和口服藥的風險，也要了解哪些是不實謠言，才能做出正確的決定

2-1

清冠一號，防疫中藥的隱晦真相

＃台灣之光、處方藥、中藥、印度藥方 Coronil

2021 年 5 月時，由於台灣疫情拉警報，好幾位讀者來函徵詢我對「清冠一號」的看法，而 LINE 群組也紛紛又在轉傳關於「清冠一號」的報導和影片。我之所以會說「又」，是因為 2020 年中下旬就已經有人在轉傳這些報導和影片，只不過當時我不想掃「台灣之光」的興，所以就沒有發文討論。如今，「清冠一號」已被台灣衛福部緊急授權作為治療新冠肺炎的處方藥，所以我認為是需要討論的時候了。

世界熱銷，唯獨台灣買不到，關鍵在於模糊隱晦

首先，關於「緊急授權」，讀者們應該還記得奎寧吧。它是在 2020 年 3 月 28 號，被美國 FDA 緊急授權作為治療新冠肺炎的處方藥，但是後來被證實非但無效，反而有害，所以同年的 6

月 15 號，短短不到三個月就被取消緊急授權。有關奎寧的興衰起落，我總共發表了十二篇文章，整理收錄在前作《偽科學檢驗站》。

有關清冠一號的報導，我所看到的第一篇文章是 2020 年 6 月 10 號發表的「中醫可治新冠肺炎！全台 21 患者受惠，防疫中藥將外銷歐美」，而其中這兩句話最讓我感興趣：一、目前全台共五間醫院投入新冠肺炎中醫治療、參與治癒 21 名患者，其中更包括一名危重症和五名重症患者。二、由於國內疫情已平穩，目前已著手申請新冠肺炎中藥複方的專利及商標「台灣清冠一號」（TAINOCOVIR）、「福爾摩沙一號」（FORMOCOVIR），也正在與科學中藥廠接洽，預計申請中藥外銷證，販售至疫情仍然嚴峻的美國及歐洲國家。

有關清冠一號的研究，唯一的一篇論文是 2021 年 1 月發表，標題是「透過多種途徑靶向 COVID-19 的中藥配方 NRICM101：從臨床到基礎的研究」[1]。這項研究總共用清冠一號治療了十二位病患，而其中八位是輕症（mild），三位是重症（severe），一位是危重症（critical）。所以，這跟上面報導裡所說的「二十一名患者，其中包括一名危重症和五名重症患者」是有出入的。更重要的是，這篇論文裡完全沒有提到「治癒」或症狀緩解，而只是說「平均九天三採陰」。請注意，「三採陰」並不等於「治

癒」，因為有些轉為陰性的患者仍然會有嚴重的症狀。

這樣單薄的臨床結果，再加上中藥的潛在毒性以及化學成分的不穩定（每一批都不一樣），是很難讓清冠一號通過成藥上市的審核，所以這就是為什麼清冠一號在台灣是買不到的。可是，為什麼它偏偏就能在美國及歐洲國家販售，而且還是熱銷呢！補充：關於請看這篇新聞的標題「可抑制武肺病毒，台灣中藥方清冠一號歐美熱銷」。

目前在歐美熱銷的清冠一號有兩個品牌，一個是「順天堂」的 RespireAid，另一個是「莊松榮」的 COVRelief。你如果到這兩家的英文網頁去查看，是絕對看不到 COVID 或 SARS 這樣的字眼，也絕對看不到「治療」這樣的字眼。事實上，它們都說適應症是「外感時疫」，而效能是「解表宣肺、清熱解毒、寬胸化痰、降胃氣」。

聯合報在 2021 年 3 月 15 號發表的文章，標題是「這款中藥能防疫！台灣清冠一號在歐美熱銷，我們為何買不到？」裡有這麼一段話：儘管清冠一號主打預防和治療輕症新冠肺炎，但從網站上來看，COVRelief 的產品介紹模糊地寫著「阻斷病毒」，而 Respire Aid 寫的「治療外感時疫」更為隱晦，就是不能直接提到「治療新冠肺炎」。莊武璋坦言，因為申請清冠一號的外銷專用證時，遇到台灣的審查委員反對，「他們認為資料不

足，怎麼（治療）十幾個案例就要申請。」補充：「治療外感時疫」應該只是「外感時疫」。

單薄臨床結果 + 緊急授權＝療效隱晦

所以，清冠一號之所以能獲得核准在海外販售，主要靠的就是「模糊和隱晦」。也就是說，「治療新冠肺炎」或「預防新冠肺炎」是只能暗示，不能明說。當然，還有另一個要素：請看《聯合報》在 2021 年 5 月 19 號發表的文章，標題是「抗疫中藥清冠一號國外熱銷，順天堂獲專案供貨許可」裡的這句話：「衛福部中醫藥司表示，今年 4 月因應立委的期待，發函給領有外銷專用許可證的藥廠，可以向衛福部申請緊急授權，以專案申請方式才能銷售藥物……」立委的期待，是不是很有意思！

不管如何，清冠一號在台灣是處方藥，也就是說，它只可以透過醫師處方來治療確診新冠肺炎的患者。可是，在海外販售的清冠一號卻是任何人都可以買，愛怎麼吃就怎麼吃。事實上，在網路上就可以看到，有很多人是把清冠一號當成可以預防新冠肺炎的補品神藥，殊不知清冠一號在台灣是必須接受嚴格控管的處方藥（而且還是在不得已的情況下才獲得授權）。

《鏡周刊》在 2021 年 5 月 17 號發表的文章，標題是「科

學中藥清冠一號能治新冠肺炎，衛福部緊急授權核發許可證」裡有這麼一段話：「中醫師公會理事長柯富揚提醒，清冠一號屬於中醫師處方……須經中醫師診斷病情後，始可調劑給藥，民眾不可至坊間藥房、網路、其他通路自行取藥，以免誤服不當藥物而受害。」那請問，海外的台灣僑民就不會「誤服不當藥物而受害」嗎？

清冠一號，外交部聲明中的玄機

《端傳媒》記者王小姐 2022 年 5 月 16 號用臉書傳訊：「因近期收到許多讀者關心清冠一號的討論，我也看過您針對清冠一號提出質疑所撰的文章，因此想請教您更多相關的想法……」

我是在一年前的今天（2021 年 5 月 19 號)發表前一段文章，所以，在答應接受採訪之前，有必要看看有沒有新的資料。結果，萬萬沒想到，竟然會是在台灣外交部的網站看到新資料。這份新資料是 2022 年 4 月 25 號發表在外交部網站，中文版標題是「中藥抗疫藥方：台灣清冠一號」[2]。我把此文重點整理如下：

一、清冠一號是全球率先合法行銷五十多個國家的中藥製

劑。清冠一號先在海外販售，並且從海外紅回台灣的原因，是因為 2020 年初台灣防疫做得好，疫情不嚴重，在國內派不上用場。與西藥相比，清冠一號價格平易，兼具多靶點治療之功效，提供全球抗疫更安心的解方。2021 年年底變種病毒 Delta、Omicron 肆虐時，還有海外台灣人在群組廣為傳播，連 Amazon 電商也可以買到。

二、清冠一號能在歐美拿到銷售許可，歸功於所長蘇奕彰一開始就刪掉國外法規禁止的藥材，像麻黃與細辛，讓清冠一號得以打入全球抗疫藥物市場；反觀中國的「清肺排毒湯」含有麻黃，因此只能私下流通。蘇奕彰說：「起初我很猶豫要不要拿掉石膏，因為石膏治療發炎性的病人，從臨床與基礎研究均已確認對敗血病患很有效，但因為屬礦物類，影響到品質控制，最後決定刪去。」

三、為了提高外國人對中藥的接受程度，順天堂把清冠一號做成即溶包，並且加強薄荷清涼的香味與口感，或是建議服用時加入蜂蜜，希望達到良藥可口的目的。但對染疫的患者來說，最重要不是好吃，而是有效。以順天堂為例，截至 2022 年 1 月底已經行銷至五十五個國家，賣出十萬盒，華人佔六成，連友邦國家史瓦帝尼國王也是清冠一號的受惠者。

從以上這幾點就可看出：一、為了達到行銷國外的目的，清冠一號的藥方是被修改過的。也就是說，行銷比療效更重要。二、清冠一號在台灣是嚴格管控的處方藥，但在國外卻只是稀鬆平常的保健飲料。更讓人吃驚的是，儘管是以保健飲料行銷，卻又違法聲稱有效。事實上，截至目前為止，沒有任何科學證據顯示清冠一號具有療效。

2022 年 5 月，清冠一號科學證據依舊沒進展

2022 年 5 月 19 號讀者吳先生來函：「林教授您好。偶然讀到您關於新冠一號的文章，您提到『沒有任何科學證據顯示清冠一號具有療效』。……以下是我找到的資料與您分享。由於我不是醫療背景出身，對於論文的研究方式是否合理無法正確判斷。期待我提供給您的資訊，能讓教授未來再寫一篇關於清冠一號的分析文章。造福徬徨不安的台灣民眾。」

這位讀者共寄來三條資訊，其中兩條是清冠一號的研發單位聲稱清冠一號具有療效，另一條則是一篇論文。由於聲稱並非科學證據，所以我就不討論研發單位的那兩條資訊了。至於那篇論文，我在一年前發表的文章裡就已經討論過了（請參考

註釋 1）。儘管已經過了一年多，這篇論文目前還是有關清冠一號，唯一發表在 PubMed 的研究報告。也就是說，這一年多來，雖然清冠一號的外銷是宏圖大展，但有關它的研究卻絲毫沒有進展。不管如何，這篇論文的標題是「一個通過多種途徑靶向COVID-19 的中藥配方 NRICM101：從臨床到基礎的研究」。補充：醫學研究的順序通常是先從基礎下手再做臨床，但是這篇論文卻聲稱清冠一號的研究是先做臨床再做基礎。

這項研究最主要是做所謂的體外實驗，也就是在試管、培養皿和儀器裡進行藥理實驗。但是，它也做了一點點小規模的人體試驗，也就是用清冠一號來治療十二位病患，而治療的結果是「平均九天三採陰」。可是，由於這項實驗是觀察性的，而且沒有安慰劑對照組，所以這樣的結果根本就不可以被解讀為具有療效。畢竟，縱然沒有接受清冠一號治療的病患也有可能由陽轉陰。

我在 2022 年 5 月 15 號發表文章，標題是「NAC 能治療新冠肺炎嗎」，指出有一位所謂的名醫公開說有一種叫做 NAC 的化痰藥可以減少四成新冠死亡率。可是，事實上整體而言，支持 NAC 用於治療新冠肺炎的科學證據是相當薄弱。而也就因為如此，這位醫師在遭受各方批評之後公開道歉，說他以後會謹言慎行。

　　我又在 2022 年 5 月 17 號發表文章，指出另一位名醫公開說有一種叫做「無鬱寧」的抗憂鬱藥可以減少三成新冠死亡率。但是，儘管有發表在高檔醫學期刊的臨床研究論文，美國 FDA 卻認為證據仍嫌不足，所以拒絕批准無鬱寧緊急授權的申請。

　　雖然 NAC 的科學證據是薄弱，但至少它還算是有科學證據。而無鬱寧雖被 FDA 拒絕，但它其實是有相當不錯的科學證據（關於無鬱寧和 NAC 的專文分析，請見本書 108 頁）。可惜，無可爭議的事實是，不管是證據薄弱，還是證據挺好但仍嫌不足，在 FDA 眼裡，NAC 和無鬱寧都還不夠資格被稱為具有療效。那您會認為，在 FDA 眼裡，連一篇臨床研究都沒有的清冠一號有可能被稱為具有療效嗎？補充：目前在美國銷售的清冠一號是以補充劑的名義掛牌，所以當然不可以聲稱具有療效。

　　FDA 目前只核准了兩款口服新冠藥物，即輝瑞的 Paxlovid 與默克的莫拉皮納韋。這兩款藥物都是經過嚴謹的臨床試驗，才獲得 FDA 的緊急授權。請看它們分別發表在《新英格蘭醫學期刊》的論文，標題分別是「口服 Nirmatrelvir 用於 Covid-19 的高危非住院成人」[3] 和「莫拉皮納韋用於非住院患者 Covid-19 的口服治療」[4]。清冠一號的研發單位應該向輝瑞和默克學習，更要抓住現在台灣正好有大量新冠病患的機會，好好地設計和執行一個國際級的臨床試驗，而不是只會靠一張嘴，把明明沒有

臨床實驗證據的東西吹說成是具有療效。

 林教授的科學養生筆記

1. 清冠一號治療新冠病毒的臨床實驗報告十分單薄，通過授權的過
   程十分緊急，所以也只能用隱晦的方式來宣稱療效

2. 清冠一號在台灣是嚴格管控的處方藥，但在國外卻只是稀鬆平常
   的保健飲料。更讓人吃驚的是，儘管是以保健飲料行銷，卻又違
   法聲稱有效。事實上，截至目前為止，沒有任何科學證據顯示清
   冠一號具有療效

2-2

新冠口服藥：輝瑞與默克的優劣與禁忌

Paxlovid、Molnupiravir（莫納皮拉韋）、葡萄柚、基因突變

　　《中央社》在台灣時間 2022 年 4 月 7 號發布新聞，標題是「陳時中：輝瑞口服藥規劃採購 10 萬人份以上」，其中一句話是：「陳時中表示，輝瑞口服藥 Paxlovid 與默沙東口服藥『莫納皮拉韋』（Molnupiravir）目前採購總量為 2.5 萬人份。」補充：默沙東就是默克藥廠（Merck & Co., Inc.）。這兩款藥雖然都是抗新冠病毒，也都已獲得美國 FDA 的緊急授權，但不論是在化學結構、合成難度、作用機制、治療功效、使用禁忌或購買難度上，都有非常大的區別。

　　本篇文章，我就會先後講述並分析這兩種口服藥。第一段，會先講輝瑞口服藥 Paxlovid（療效較佳，但會與許多藥物在體內造成干擾），第二段則是分析默克的口服藥莫納皮拉韋（療效較差，隱憂是造成基因突變，尤其是對胎兒和嬰兒的影響）。

輝瑞 Paxlovid ＝ Nirmatrelvir ＋ Ritonavir

Paxlovid 實際上是兩種藥：Nirmatrelvir 是對抗新冠病毒的 M 蛋白酶，能抑制病毒的複製；Ritonavir 則是對抗人體裡的 CYP3A4。CYP3A4 是一種酶，主要存在於肝臟和小腸。它可以氧化外源有機小分子，如毒素或藥物，促使其排出體外。

讀者應當有聽過，**吃西藥時不要吃葡萄柚或喝葡萄柚汁。這是因為，有研究顯示，葡萄柚汁含有會抑制 CYP3A4 的成分，所以會讓藥物在身體裡停留過久，從而導致藥劑過量。**

Nirmatrelvir 在體外（細胞培養）能有效抑制新冠病毒，但是在體內，由於 CYP3A4 的作用，它會很快就被代謝掉，所以也就不能有效抑制新冠病毒。根據一篇當天（2022 年 4 月 7 號）才正式發表的論文，標題是「創新的隨機一期研究和給藥方案選擇以加速和告知 Nirmatrelvir 的關鍵 COVID-19 試驗」[1]，與單獨服用 Nirmatrelvi 相比，同時服用 Nirmatrelvir 和 Ritonavir 可以使 Nirmatrelvir 的血中濃度增加大約八倍。也就是說，就是因為有了 Ritonavir，才使得 Paxlovid 成為有高效力的抗新冠特效藥。根據輝瑞的官方數據，Paxlovid 能降低非住院 COVID-19 高危成人的住院或死亡風險達 89%。

可是，**由於 Ritonavir 會抑制 CYP3A4，所以它當然也會影**

響非常多藥物在體內的代謝。「美國國家健康研究院」有發表文章[2]，其中就列舉了 104 種會受到影響的藥，而這些藥都是很多人平常都在服用的，例如他汀類。

這個網頁有一個給醫生和藥劑師的指南，其中這段說：「在開具 Paxlovid 處方之前，臨床醫生應仔細審查患者的伴隨用藥，包括非處方藥、草藥補充劑和消遣性藥物。臨床醫生應考慮諮詢專家（如藥劑師、HIV 專家和 / 或患者的專科醫生，如果適用），尤其是對於正在接受高度專業化治療（如抗腫瘤藥、神經精神藥物和某些免疫抑製劑）的患者。」總之，雖然 Paxlovid 是抗新冠的特效藥，但是，應不應該開立處方，將會是對醫生的一項重大挑戰。

默克口服藥莫納皮拉韋，注意基因突變風險

除了輝瑞的 Paxlovid，另外一款獲得美國 FDA 緊急授權的新冠口服藥是默克的莫納皮拉韋。上一段我有說 Paxlovid 是兩種藥的組合。其中的 Nirmatrelvir 是非常複雜的化學分子，合成也就非常困難。有一位名叫喬許・布魯（Josh Bloom）的化學博士具有二十多年研發成藥的經驗。他在 2021 年底發表文章，標題是「現在有二種新的 COVID 抗病毒藥物。哪個適合你？」[3]，

其中一段寫到：「由於我以前是專業做這種事情的，所以我只能告訴你，雖然我會興高采烈地進行莫納皮拉韋的合成，但如果公司要我合成 Nirmatrelvir，我可能會躲在床底下，即使那裡有蜘蛛。」

布魯博士進一步說，可能就是因為莫納皮拉韋的合成比 Nirmatrelvir 容易許多，所以莫納皮拉韋的生產速度會比 Paxlovi 來得快，這也是為什麼莫納皮拉韋是很容易買得到，而 Paxlovid 則很難。兩天前的 2022 年 4 月 8 號，《台灣英文新聞》有報導全球搶購 Paxlovid，標題是「新冠口服藥 132 人服用效果佳。陳時中：價高需精算購買量」。

莫納皮拉韋是 N- 羥基胞苷（N-hydroxycytidine，NHC）的前藥（prodrug）。口服莫納皮拉韋後，NHC 會循環全身並在細胞內磷酸化為 NHC 三磷酸。病毒的 RNA 聚合酶會用 NHC 三磷酸來合成病毒 RNA，導致病毒基因組錯誤的積累，最終使得病毒無法複製。

可是呢，NHC 也可以通過核糖核苷酸還原酶（ribonucleotide reductase）代謝成 2'- 脫氧核糖核苷酸（2'-deoxyribonucleotide）的形式，然後被細胞用來合成 DNA，從而導致基因突變，有興趣的讀者可以去看這篇論文，標題是「β-d-N4- 羥基胞苷通過致死誘變抑制 SARS-CoV-2，但對哺乳動物細胞也具有誘變作

用」[4]。

由於口服莫納皮拉韋的療程是五天，所以在這麼短的時間裡它對一般成人造成基因突變的風險是很低。但是，它對於胎兒或哺乳中的嬰兒，風險就顯得高出許多。所以，默克的官方網站有聲明，不建議孕婦及哺乳中的女性服用莫納皮拉韋。

對一般成人而言，到底是要服用莫納皮拉韋還是 Paxlovid，最需要考量的可能是它們在療效上的巨大區別。根據《新英格蘭醫學期刊》在 2022 年 3 月 31 號發表的論文，標題是「莫納皮拉韋用於非住院患者的 Covid-19」[5]，莫納皮拉韋僅僅將高危 Covid 患者的住院和死亡風險降低了 30%，低於早前估計的 50%。

我在前一段有說 Paxlovid 能降低高危 Covid 患者的住院和死亡風險達 89%。所以，就療效而言，莫納皮拉韋是遠遠不如 Paxlovid。但是我也提到，有非常多常用的藥物在人體內是會被 Paxlovid 干擾，所以醫生要不要開立 Paxlovid 處方，將會是一項重大挑戰。

不過，根據近日新聞報導，包括《世界新聞》在 2022 年 4 月 3 號發表的文章，標題是「輝瑞新冠口服藥 PAXLOVID 成救星，優先救治上海吉林病患」，經對二十多例普通型和輕型患者用 Paxlovid 進行治療，五天療程結束後，患者病毒載量明顯下

降，出院時間可縮短至五到七天。兩天前的 2022 年 4 月 8 號，《台灣英文新聞》也有報導目前已有 132 名患者服用，效果良好。所以，在疫情緊急的情況下，Paxlovid 也許真的是能成為救星。

 林教授的科學養生筆記

1. 根據現在的報告，輝瑞的 Paxlovid 能降低高危 Covid 患者的住院和死亡風險達 89%（默克的莫納皮拉韋只有降低 30%）。就療效而言，莫納皮拉韋是遠遠不如 Paxlovid

2. 輝瑞的 Paxlovid 是兩種藥相加，其中的 Nirmatrelvir 是非常複雜的化學分子，合成非常困難，導致比較難買。而且有非常多常用藥物在人體內會被 Paxlovid 干擾，是使用上要特別注意的點

3. 默克的口服藥莫納皮拉韋有導致基因突變的風險。雖然對一般成人造成基因突變的風險很低，但對於胎兒或哺乳中的嬰兒，風險就顯得高出許多。所以，默克的官方網站有聲明，不建議孕婦及哺乳中的女性服用

2-3

老藥新用：無鬱寧＆NAC 抗疫效果分析

化痰藥、N- 乙醯半胱氨酸、抗憂鬱藥、氟伏沙明、Luvox

在本書 92 頁探討清冠一號的療效分析中，我提到了另外兩種在 2022 年初備受討論，被嘗試用來治療新冠的老藥物，即本來是用來治療憂鬱症的「無鬱寧」和化痰藥 NAC。

我在清冠一號那篇文章寫道：「雖然 NAC 的科學證據是薄弱，但至少它還算是有科學證據。而無鬱寧雖被 FDA 拒絕，但它其實有相當不錯的科學證據。可惜，無可爭議的事實是，不管是證據薄弱，還是證據挺好但仍嫌不足，在 FDA 眼裡，NAC 和無鬱寧都還不夠資格被稱為具有療效。」

本篇文章，就是詳細探討這兩種藥物目前的證據分析。補充：氟伏沙明（Fluvoxamine）是抗憂鬱症藥的成分，無鬱寧（Luvox）則是此成分在市面上銷售的商品名稱。

抗憂鬱藥「無鬱寧」，抗疫效果分析

　　臉書朋友「特務」在 2022 年 5 月 15 號寄來一篇文章詢問。這篇文章是 2022 年 5 月 12 號發表在《華人健康網》，標題是「2 種口服抗病毒藥不符條件怎麼辦？醫：第三神藥『無鬱寧』能防重症」，作者是萬芳醫院精神科醫師潘建志。我看完後立刻回覆：「確實有正面的研究報告，但 FDA 沒有授權。」

　　實在是很巧，回覆完讀者的隔一天，美國 FDA 發表就發表了一篇備忘，標題是「備忘錄解釋拒絕申請馬來酸氟伏沙明緊急使用授權的依據」[1]。我們先來看潘醫師文章的重點：「有一般病患可以吃，安全有效又容易取得的藥嗎？有的，這便是無鬱寧（Fluvoxamine）。……能減少住院死亡比率接近三成，沒 Paxlovid 有效，但和莫拉皮納韋差不多。實證醫學證據等級相當高。台灣也是奇怪，某 XXXX 藥物的臨床實驗證據等級很低，卻有健保給付還大力推廣。不說了，說多了都是淚，還有網軍要來洗。伊隆·馬斯克的基金會贊助了無鬱寧的研究，結果都是發表在 Lancet、JAMA、Nature 等一流期刊上，頭撞頭實驗裡海放沒用的狗藥伊維菌素，相當靠譜。」

　　因為潘醫師提到了《刺胳針》（Lancet）、《美國醫學會雜誌》

（JAMA）和《自然期刊》（Nature），所以我就到 PubMed 搜索，搜到一篇《刺胳針》和兩篇 JAMA 的臨床研究論文，但沒有看到《自然》的論文。我將這三篇的篇名和結論列出如下：

一、《美國醫學會雜誌》（JAMA）2020 年 12 月 8 號論文，標題「有症狀 COVID-19 門診患者的氟伏沙明 vs 安慰劑和臨床惡化：一項隨機臨床試驗」[2]。結論：在這項針對有症狀的 COVID-19 成人門診患者的初步研究中，與安慰劑相比，接受氟伏沙明治療的患者在 15 天內出現臨床惡化的可能性較低。然而，該研究受到樣本量小和隨訪時間短的限制，臨床療效的確定需要更大規模的隨機試驗和更明確的結果測量。

二、《美國醫學會雜誌》（JAMA）2021 年 11 月 1 號論文，標題是「COVID-19 處方選擇性血清素再攝取抑製劑抗抑鬱藥患者的死亡風險」[3]。結論：這些結果支持證據表明，SSRIs 可能與 COVID-19 的嚴重程度降低有關，這反映在死亡率的 RR 降低。需要進一步的研究和隨機臨床試驗來闡明 SSRIs 對 COVID-19 結果嚴重程度的影響，或者更具體地說是氟西汀和氟伏沙明的影響。

三、《刺胳針》2022 年 1 月 1 號，標題是「氟伏沙明早期治療對 COVID-19 患者急診和住院風險的影響：TOGETHER 隨機

平台臨床試驗」[4]。結論：在早期診斷為 COVID-19 的高危門診患者中使用氟伏沙明（100 毫克，每天兩次，持續十天）治療減少了住院治療的需要。

FDA 的氟伏沙明備忘重點

關於 FDA 發表的備忘錄，重點則是：

一、2021 年 12 月 21 日，FDA 收到 David R Boulware 醫生提交的申請，請求緊急授權氟伏沙明之用於新冠病毒陽性 24 歲及以上成人的門診治療。

二、該請求主要基於 TOGETHER 試驗的結果，這是一項針對巴西高風險、有症狀的成人門診患者的隨機、雙盲、安慰劑對照平台試驗。……雖然該研究達到了其主要終點，但結果主要是由於急診科就診時間超過六小時的減少，並且對該終點的評估以及六小時時間點是否代表具有臨床意義的閾值存在不確定性。三、當關注具有臨床意義的結果（例如住院或住院和死亡的患者比例）時，氟伏沙明的治療益處並不具有說服力。

四、STOP COVID 和真實世界數據研究存在設計局限性，包括規模小、單中心、終點選擇和缺乏隨機性。

五、另外兩項試驗，STOP COVID 2（比 STOP COVID 試

驗大幾倍的試驗）和 COVID-OUT 未能證明氟伏沙明在門診環境中對患有輕度 COVID-19 的成人有益處，並且由於無用這兩項試驗都提前終止了。

六、支持氟伏沙明治療 COVID-19 的擬議作用機制的體外和體內數據有限。所提出的抗炎機制尚未得到充分證明，氟伏沙明通常也不被認為是一種抗炎藥。迄今為止，沒有證據表明當 COVID19 疾病的嚴重程度較輕時，抗炎治療在感染的早期有益，並且目前僅建議需要補充氧氣的住院患者使用抗炎治療。

化痰藥 NAC，能治療新冠肺炎嗎？

我在 2022 年 5 月 14 號時覺得很納悶，為什麼我網站裡一篇四年前發表的文章，竟然躍居點擊率榜首，直到我接到一位讀者的電郵才恍然大悟。那篇四年前發表的文章，標題是「化痰藥治癌：平價化療？」，此文是在質疑一篇《元氣網》在 2018 年 1 月 26 號發表的文章，標題是「胰臟癌轉移腹膜差點『餓死』，感冒藥救他一命」。這兩個標題裡所說的化痰藥和感冒藥就是 NAC（N- 乙醯半胱氨酸，N-Acetylcysteine）。

讀者黃小姐當天寄來的文章是台灣時間 2022 年 5 月 15 號《中時新聞網》發表的文章標題是「拿嘸抗病毒藥怎辦，重症

醫揭這藥物可減 40％死亡率，一顆只要 2 元」，此文說：「本土疫情延燒……胸腔重症醫師蘇一峰就表示，有種藥物可以減少四成死亡率，全台灣數量充足，一顆更只要二到三元左右。他指出，根據西班牙二萬名確診者回顧研究發現，確診者使用化痰藥 NAC，可能可以減少四成的死亡率……」

　　這篇文章所說的「西班牙回顧研究」是 2022 年 1 月 27 日發表的論文，標題是「使用高劑量 N- 乙醯半胱氨酸作為 COVID-19 住院患者的口服治療」[5]。這項研究是分析病患的數據庫而得到「在 COVID-19 患者中使用 NAC 與顯著降低死亡率相關」這樣的結論。可是，它同時也發現「使用 NAC 在平均住院時間、入住重症監護病房或使用機械通氣方面沒有顯著差異」。更重要的是，由於這項研究是「觀察性」，所以研究人員最後說：「在其他環境和人群以及隨機對照試驗中，應進一步探索在接受高劑量 NAC 治療的 COVID-19 患者中觀察到的與更好相關結果的關聯信號。」

　　目前，有關 NAC 治療新冠肺炎的臨床研究論文只有兩篇，我將標題和結論列出如下：一、2021 年 6 月，標題是「用 N- 乙醯半胱氨酸治療由 2019 年冠狀病毒病 (COVID-19) 引起的嚴重急性呼吸系統綜合症的雙盲、隨機、安慰劑對照試驗」[6]。結論：高劑量 NAC 對重症 COVID-19 沒有影響。二、2021 年 12 月，

標題是「輕中度 COVID19 相關急性呼吸窘迫綜合徵患者靜脈注射 N- 乙醯半胱氨酸的初步研究」[7]。結論：不支持靜脈注射 NAC 治療 COVID-19。

目前也有兩篇回溯性臨床研究論文：一、2021 年 2 月，標題是「N- 乙醯 -l- 半胱氨酸對 SARS-CoV-2 肺炎及其後遺症的影響：一項大型隊列研究的結果」[8]。結論：我們的研究並未表明 NAC 對短期和長期結果的影響，包括六個月隨訪時的住院死亡率、重症入院、肺對一氧化碳損害的擴散能力和胸 X- 光片改變。接受 NAC 的患者的住院時間較短。二、2021 年 11 月論文，標題是「N- 乙醯半胱氨酸降低 COVID-19 肺炎患者機械通氣和死亡率的風險：一項兩中心回顧性隊列研究」[9]。結論：COVID-19 肺炎患者口服 NAC（1200 mg/d）可降低機械通氣和死亡率的風險。我們的發現需要通過適當設計的前瞻性臨床試驗來證實。

目前有一篇案例系列研究論文：2022 年 3 月，標題是「靜脈注射 N- 乙醯半胱氨酸治療 COVID-19：病例系列」[10]。結論：這個回顧性病例系列顯示 NAC 沒有益處；然而，需要進一步的研究來闡明藥物治療方案的差異是否會導致積極的結果。

下面這一篇是專家意見：2022 年 1 月，標題「老藥新用抗氧化劑和抗炎劑 N- 乙醯半胱氨酸治療 COVID-19」[11]。文摘：

「儘管有人提出一些考慮，表明 NAC 對治療嚴重急性呼吸綜合徵冠狀病毒 2 感染具有有益作用，但目前沒有臨床證據表明 NAC 確實可以預防 COVID-19，減少疾病的嚴重程度，或改善結果。有必要進行適當設計的臨床試驗來證明或反駁 NAC 對 COVID-19 患者的治療效果。」

 林教授的科學養生筆記

1. 目前，化痰藥 NAC 對抗新冠的證據稍嫌薄弱；抗憂鬱藥「無鬱寧」則是證據挺好但仍嫌不足。但在美國 FDA 眼裡，這兩者都還不夠資格被稱為具有療效

2-4

伊維菌素抗疫，充滿爭議

奎寧、疫情、撤稿、類圓線蟲、皮質類固醇

    2021 年 6 月 12 號和 13 號的短短兩天裡，我的網站、臉書、LINE 就收到十幾個關於「伊維菌素」（Ivermectin）的訊息。剛開始時我還花時間做回覆，但後來實在無法一個個回。所以，就寫了這篇文章來終結這個「偽科學病毒大流行」。

伊維菌素將終結疫情？勿忘奎寧的教訓

    由於訊息實在太多，所以我就只選用一篇新聞報導來做入門。「東森新聞」在 2021 年 6 月 12 號發表一篇新聞，標題是「疫情有救了！這藥恐結束新冠大流行，美國學家證實」，此文第一段是：「在台灣因為疫情嚴峻，又陷入疫苗嚴重短缺的困境下，台北市立關渡醫院前院長陳昌明教授在大量閱讀全球使用

伊維菌素治療新冠肺炎的報告，以及最近一期的《美國治療學雜誌》期刊報告指出，「全球立即使用伊維菌素將結束新冠肺炎大流行」，他建議政府應該儘速推動臨床試驗或召開專家會議，評估這個藥物對新冠肺炎的預防與治療效果。」

　　陳昌明教授所說的《美國治療學雜誌》（American Journal of Therapeutics）期刊報告，標題是「證明伊維菌素預防和治療新冠肺炎效果的新證據回顧」[1]，此文結論是：「基於 18 項伊維菌素在新冠肺炎隨機對照治療試驗的薈萃分析發現，死亡率、臨床恢復時間和病毒清除時間大幅降低，具有統計學意義。此外，許多對照預防試驗的結果表明，定期使用伊維菌素可顯著降低感染新冠病毒的風險。最後，伊維菌素分發活動導致全人群發病率和死亡率迅速下降的許多例子表明，已經確定了一種在新冠肺炎的所有階段都有效的口服藥物。」

　　看到這樣的結論，也就難怪陳昌明教授會說「全球立即使用伊維菌素將結束新冠肺炎大流行」。但問題是，這樣的結論是正確的嗎？這篇論文的第一作者是皮埃爾‧柯瑞（Pierre Kory）醫生，而維基百科在介紹他的第一段是這麼說：「皮埃爾‧柯瑞是美國重症監護醫師，他在新冠肺炎大流行期間因倡導未經證實的治療方法而受到關注。他兩次在美國參議院就新冠肺炎作證。在 2020 年 12 月 8 日的證詞中，他為宣傳伊維菌素而發表

了有爭議的言論，尤其是將其描述為『奇蹟』。」

　　皮埃爾‧柯瑞的這篇論文是發表在《美國療法期刊》。但事實上這篇論文原本是希望發表在《藥理學前沿》（Frontiers in Pharmacology）。《美國療法期刊》的影響因子是 1.95，而《藥理學前沿》的影響因子則是 4.4。也就是說，這篇論文是退而求其次地發表在《美國療法期刊》。那，為什麼會退而求其次呢？原因是《藥理學前沿》在評審這篇論文之後決定不接受。

　　那，為什麼不接受呢？《藥理學前沿》的首席執行編輯費德利克‧芬特（Frederick Fenter）博士在 2021 年 3 月 2 號發表一份為何拒絕該論文的聲明[2]：「在我們對該文的客觀性進一步審查後，發現該文做出了一系列嚴重、未經證實的主張，有時並沒有使用對照組。此外，作者宣傳了他們自己特定的基於伊維菌素的治療方法，這不適合評論文章，也違反了我們的編輯政策。在我們看來，這篇論文沒有為評估伊維菌素作為新冠肺炎的潛在治療方法提供客觀或平衡的科學貢獻。自從疫情爆發以來，《藥理學前沿》已發表了兩千多篇經過嚴格同行評審關於新冠肺炎的文章，我們敏銳地意識到此時該領域高質量、客觀研究的重要性。《藥理學前沿》對伊維菌素治療新冠肺炎患者的療效沒有任何立場，但是，我們確實對不平衡或不受支持的科學結論採取了非常堅定的立場。」

我用關鍵字（ivermectin ＋ covid-19）在公共醫學圖書館 PubMed 搜索，搜出 216 篇論文，其中有一些認為伊維菌素似乎具有療效，但幾乎都說需要進一步的研究。一個叫做《基於證據的醫學》（Evidence-Based Medicine）的期刊在 2021 年 4 月 22 號發表一篇論文，標題是「伊維菌素治療新冠肺炎的誤導性臨床證據和系統評價」[3]。此文最後一段是：「結論是，與伊維菌素相關的研究存在嚴重的方法學局限性，導致證據的確定性非常低。伊維菌素的使用，以及其他用於新冠肺炎預防或治療的重新利用藥物，應該基於可靠的證據進行，沒有利益衝突，並在患者同意、倫理批准的隨機臨床試驗中證明安全性和有效性。」

說起來實在可悲又可笑。讀者還記得奎寧吧？2020 年 3 月，全世界一大堆醫生，包括台灣的好幾位，都在大力提倡奎寧治療新冠肺炎。儘管我一再指出奎寧非但無效，反而有害，台灣政府還是成立了「國家奎寧製藥隊」。一年後呢，台灣政府將所有囤積的奎寧免費贈送，白白浪費了五千萬。有關這起事件的來龍去脈，可以複習前作《偽科學檢驗站》113 頁。還有，台灣不是聲稱研發出一款叫做「清冠一號」的神藥，說是可以百分之百治癒新冠肺炎嗎？（關於清冠一號，請見本書 92 頁）。那，請問，為什麼台灣還需要外國研發的伊維菌素？

另外一件好笑的事情是，YouTube 當天宣布暫時關閉美國

參議員羅恩・詹森（Ron Johnson）的帳號，理由是：「我們根據新冠肺炎醫療錯誤信息政策刪除了該影片。這個政策不允許鼓勵人們使用奎寧或伊維菌素治療或預防新冠病毒的內容」。所以，您真的會相信「伊維菌素將結束新冠肺炎大流行」嗎？

順便提一下，伊維菌素是一種環境毒素。服用的人或動物會將它排出（糞便），從而污染土壤及河川，而它對無脊椎動物（例如昆蟲）是具有強烈毒性，如果讀者想知道更多伊維素菌的資訊，可以看附錄中的這文章，標題是「伊維菌素和新冠肺炎：讓我們保持一個健康的觀點」[4]。

伊維菌素：偏見、欺詐、死亡威脅

2022 年 1 月 17 號，《開放論壇傳染病》期刊（Open Forum Infectious Diseases）發表一篇論文，標題是「用於 COVID-19 的伊維菌素：檢討潛在的偏見和醫療欺詐」[5]。這篇論文的第一作者安德魯・希爾（Andrew Hill）博士是英國利物浦大學的研究員。他在 2021 年的前九個月曾被伊維菌素提倡者追捧為英雄，但在後三個月卻被這些人發出死亡威脅。請看安德魯・希爾博士發表在英國《衛報》（The Guardian）的文章，標題是「我的伊維菌素研究如何導致推特死亡威脅」[6]。這篇文章的副標題是

「在發現臨床試驗中的醫療欺詐之後，我收到了棺材和絞死納粹戰犯的圖像」。

在 2022 年 1 月 17 號發表的那篇論文裡，安德魯・希爾博士說：「我們的薈萃分析於 2021 年 1 月首次提出，並於 2021 年 7 月發表。它表明伊維菌素使生存率顯著提高了 56%，臨床恢復良好，住院率降低。多項薈萃分析的如此樂觀結果提高了公眾對使用伊維菌素治療和預防 COVID-19 的興趣⋯⋯」這段話裡所說的「薈萃分析」（Meta-analysis），指的是「伊維菌素治療 SARS-CoV-2 感染的隨機試驗薈萃分析」[7]。這篇論文也是發表在〈開放論壇傳染病〉期刊，在 1 月先以電子版發表，然後 7 月才正式發表。

由於這篇論文是如此肯定伊維菌素的療效，所以在 1 月以電子版預先發表後，此文立刻被伊維菌素提倡者大量引用和轉傳，而安德魯・希爾博士當然也就成為這些人眼中的英雄人物。可是，還不到一個月該期刊就發表一篇「表達關切」[8]，它說：「2021 年 7 月 6 日，本期刊發表了希爾等人的文章《伊維菌素治療 SARS-CoV-2 感染的隨機試驗薈萃分析》。隨後，我們和作者了解到，該分析所依據的一項研究由於數據造假已被撤銷。作者將提交不包括該研究的修訂版，而當前已經發表的論文將被撤銷。」

　　這篇《薈萃分析》的修訂版是在 2021 年 11 月發表，只不過它的結論卻是從原本的「高度肯定伊維菌素」轉成「無法支持」。請看這篇修訂版的結論：「與標準護理相比，伊維菌素對住院時間幾乎沒有影響。伊維菌素對臨床恢復時間或二元臨床恢復時間沒有顯著影響。目前，世界衛生組織建議僅在臨床試驗中使用伊維菌素。」所以，您現在應該可以理解，為什麼伊維菌素的提倡者會把安德魯・希爾博士從英雄崇拜轉變成置之死地而後快」。

伊維素菌論文，持續被撤稿中

　　不管如何，在 2022 年 1 月 17 號那篇論文裡，安德魯・希爾博士進一步檢驗和分析了所有關於伊維菌素用於治療新冠肺炎的臨床研究，而他得到的結論是「伊維菌素對生存率的顯著影響主要是依靠低質量的研究」。他也用下面這五篇論文為例，來指出這些低質量研究是具有「偏見」或「潛在欺詐」：一、出自伊朗的論文，標題是「伊維菌素作為住院成人 COVID-19 患者的輔助治療：隨機多中心臨床試驗」[9]；二、出自土耳其的論文，標題是「評估在重症 COVID-19 患者中添加伊維菌素的有效性和安全性」[10]；三、出自伊拉克的論文，標題是「伊拉克巴

格達使用伊維菌素和強力黴素治療 COVID-19 患者的對照隨機臨床試驗」[11]。補充：這篇論文在預印本平台已經停留了 15 個月，至今仍未正式發表；四、出自埃及的論文，標題是「伊維菌素治療和預防 COVID-19 疫情的療效和安全性）。補充：這篇論文已被撤銷[12]；五、出自黎巴嫩的論文，標題是「單劑量伊維菌素對無症狀 SARS-CoV-2 感染受試者病毒和臨床結果的影響：黎巴嫩臨床試驗」[13]。補充：這篇論文已被撤銷。

事實上，還有好幾篇論文是伊維菌素提倡者經常引用，但卻一個個被撤銷了。想要了解詳情的讀者可以去我的網站搜尋伊維素菌。

再來，補充一下在科學和醫學期刊界中，「撤稿」（Retraction）的意義是什麼。我從事科學和醫學研究四十多年，發表過將近 200 篇論文，也擔任過 60 幾家醫學期刊的評審，所以對於論文發表的種種細節，包括倫理道德的要求，有相當深入的理解。一篇論文發表後，是會被持續地閱讀和審視，所以一旦被發現犯有錯誤，就需要更正。可是，如果所犯的錯誤是會影響研究的結論，那就會被撤稿。撤稿對我們研究人員來講，是奇恥大辱。有一個網站叫做「撤稿觀察」（Retraction Watch），就是專門在追蹤和報導撤稿的消息。

2022 年新論文：伊維菌素的療效跟類圓線蟲有關

　　《美國醫學會期刊》（JAMA）在 2022 年 3 月 21 號發表一篇論文，標題是「在類圓線蟲病高發和低發地區使用伊維菌素治療 COVID-19 的臨床試驗的比較：一項薈萃分析」[14]。我把這篇論文的重點整理如下：「糞類圓線蟲（Strongyloides stercoralis）是拉丁美洲、東南亞和撒哈拉以南非洲地區流行的一種腸道蠕蟲。類圓線蟲重度感染綜合徵（SHS）是一種嚴重的疾病。雖然 SHS 可發生在免疫功能正常的宿主中，但它與免疫抑制有關，尤其是使用皮質類固醇的人，死亡率可高達 90%。」

　　皮質類固醇是治療新冠肺炎的用藥之一，而伊維菌素則是治療類圓線蟲病的特效藥。在測試伊維菌素是否能治療新冠肺炎的臨床試驗裡，病患是被允許繼續使用皮質類固醇。所以，如果這些病患有被類圓線蟲感染，而他們是被分配到安慰劑控制組（沒有服用伊維菌素），那他們的死亡率有可能就會大大提升。也就是說，伊維菌素在新冠肺炎臨床試驗裡所呈現的療效，有可能是因為它降低了類圓線蟲所造成的死亡率。

　　這項研究共分析了十二個伊維菌素用於治療新冠肺炎的臨床試驗，而其中的四個是在類圓線蟲病高發地區進行（馬來西亞、哥倫比亞、孟加拉、印度），其餘八個是在類圓線蟲病低發

地區進行（埃及、巴西 ×2、墨西哥、伊朗 ×2、土耳其、阿根廷）。分析的結果顯示，在類圓線蟲病高發地區進行的伊維菌素臨床試驗是與顯著下降的死亡率有關，而在類圓線蟲病低發地區進行的伊維菌素臨床試驗則是與顯著下降的死亡率無關。

這篇論文的結論是：類圓線蟲病的患病率與伊維菌素作為新冠肺炎治療的死亡率相互作用。沒有證據表明伊維菌素在非類圓線蟲病流行地區有防止新冠肺炎患者死亡的作用。也就是說，伊維菌素是降低類圓線蟲病的死亡率，而非新冠肺炎的死亡率。

 林教授的科學養生筆記

1. 關於伊維菌素對新冠疫情有療效的論文多是具有「偏見」或「潛在欺詐」，也紛紛被期刊撤稿
2. 2022 年的論文結論：伊維菌素是降低類圓線蟲病的死亡率，而非新冠肺炎的死亡率

2-5
mRNA 疫苗發明者的爭議與釋疑

＃莫德納、馬龍博士、氟伏沙明

mRNA 疫苗發明者後悔打莫德納？一派胡言

　　臉書朋友 Mings Wei 在 2021 年 6 月 16 號寄來一篇文章，問我是不是假新聞。這篇文章是前一天發表在聯合新聞網，標題是「mRNA 疫苗技術發明者怒了，我後悔打了莫德納」。此文前三段是（合併成一段）:「美國正大規模施打新冠疫苗，卻也讓 mRNA 疫苗技術發明者之一的馬龍博士生氣了，他質疑官方 FDA 等機構腐敗，強推施打卻未考量 mRNA 疫苗的副作用，引起 PTT 網友們關注熱議中。mRNA 疫苗技術發明人之一的馬龍博士於 14 日推特發文，萬一未來某天證明了伊維菌素可以安全的控制疫情，也證明 mRNA 疫苗有重大安全問題時，社會大眾是否還能對公共衛生與美國政府保持信心。日前馬龍博士在一 Podcast 談話中提及『我後悔打了疫苗』，他和妻子都曾非常信

任並注射了莫德納 mRNA 疫苗，但是現在後悔了。」

我從這段文章所提供的連結進入 PTT 平台，看到兩篇「爆料」，標題分別是「連 mRNA 疫苗發明者都怒了」和「mRNA 疫苗發明者馬龍博士：我後悔打了疫苗」。我又從這兩篇爆料所提供的連結到 YouTube 看到一個長達三小時十七分鐘的影片，標題是「如何拯救世界，三個簡單的步驟」（How to save the world, in three easy steps）。

這個影片是在 2021 年 6 月 10 號發表，而內容是三個人在討論如何拯救世界。這三個人分別是布雷特・溫斯坦（Bret Weinstein）、羅伯特・馬龍（Robert Malone），及史蒂文・基爾施（Steve Kirsch）。我現在根據他們在影片裡所說的，以及我搜查到的資料，把這三個人簡單介紹如下：

溫斯坦是一位毫無醫學訓練的演化生物學博士，現在從事 YouTuber。他是這個討論會的主持人。他說他沒有接種新冠疫苗，但有服用「氟伏沙明」（fluvoxamine，一種抗憂鬱藥）及伊維菌素。他認為這兩種藥似乎提供了保護力。

馬龍是個 MD（有醫生執照），曾做過將 DNA 及 RNA 轉入細胞和動物的研究，但卻從未成功研發過 mRNA 疫苗（即目標抗體的產生）。所以，聯合新聞網及 PTT 所說的「mRNA 疫苗發明者」是一派胡言。還有，他在整個影片裡都是輕聲細語地

溫和講話，完全沒有動怒，所以聯合新聞網及 PTT 所說的「憤怒」，也是一派胡言。他有說他曾被新冠病毒感染，也打完了兩劑的莫德納疫苗，但卻沒有說「後悔打了莫德納」，所以聯合新聞網及 PTT 所說的「後悔打了莫德納」，又是一派胡言。還有，聯合新聞網也引用一個完全不懂醫學的人（資深汽車部落客），說羅伯特・馬龍是醫學界泰斗。真是荒唐至極。

史蒂文・基爾施是一位毫無醫學背景的企業家。他創立了「新冠早期治療基金會」（Covid-19 Early Treatment Fund），提供資金來推動「老藥新用」，尤其是用「氟伏沙明」及伊維菌素來治療新冠肺炎[1]。可是，儘管他致力於推動老藥新用來預防及治療新冠肺炎，他卻說他也打完了兩劑的莫德納疫苗。

儘管羅伯特・馬龍及史蒂文・基爾施都已經打了莫德納的 mRNA 疫苗，他們和溫斯坦在這個影片裡卻都是在質疑 mRNA 疫苗的安全性，以及在推動用氟伏沙明及伊維菌素來預防和治療新冠肺炎。有關伊維菌素是否真的能預防或治療新冠肺炎，我在本書 116 頁已經詳細解釋過了。接下來的文章裡就只聚焦在這三個人對 mRNA 疫苗安全性的質疑。

目前已經在使用中的新冠疫苗，不管是 DNA（腺病毒），RNA，還是次蛋白，都是針對新冠病毒的刺突蛋白（Spike protein）。就 DNA 和 RNA 疫苗而言，它們在被注射入肩膀後，

就會誘導肌肉細胞製造刺突蛋白，而由於刺突蛋白是異物，我們的免疫系統就會產生抗體來中和這個異物，而這個抗體也可以中和入侵的新冠病毒。

可是，以往的研究已經證明新冠病毒的刺突蛋白是具有細胞毒性，所以這三人就認為輝瑞和莫德納的 RNA 疫苗所誘導產生的刺突蛋白是很危險。但是，事實上輝瑞及莫德納在設計新冠疫苗時就已經考慮到這一點，所以他們的疫苗所產生的刺突蛋白是有兩個重要的安全特性：第一，它帶有一個「跨膜錨定區」（transmembrane anchor region），所以會卡在細胞膜上，不會到處亂跑，第二，它的氨基酸序列已經被改變，從而失去細胞毒性。

所以，雖然新冠病毒的刺突蛋白的確是有細胞毒性，但是新冠疫苗所產生的刺突蛋白卻沒有細胞毒性。有興趣進一步了解的讀者請看德瑞克‧羅威（Derek Lowe）博士在《科學轉化醫學》期刊（Science Translational Medicine）發表的這篇文章，標題是「刺突蛋白行為」[2]。

還有，影片裡的史蒂文‧基爾施是引用一個名叫拜倫‧布里德（Byram Bridle）的人來「證明」輝瑞和莫德納的 RNA 疫苗是很危險。可是，布里德本人也是在研發基於刺突蛋白的新冠疫苗，所以已經有人把布里德徹底打臉，並且說他是為了推銷

自己的新冠疫苗而刻意抹黑輝瑞和莫德納[3]。

不管如何，有一個叫做 POLITIFACT 的事實查核網站在前一天（2021 年 6 月 16 號）發表文章，標題是「沒有跡象顯示新冠疫苗的刺突蛋白具有毒性或『細胞毒性』」[4]，將這個這個影片定位為假消息。它也說臉書也已經將這個影片定位為假消息。補充：我這篇文章發表九小時後，MyGoPen 站長在我的臉書留言，說這個影片已被下架。我去 YouTube 看，果真下架了。

總之，《聯合新聞網》所說的「mRNA 疫苗發明者、mRNA 疫苗發明者怒了、後悔打了莫德納」，都是一派胡言。至於這個所謂的「mRNA 疫苗發明者」在推文裡所說的「萬一未來某天證明了伊維菌素可以安全的控制疫情，也證明 mRNA 疫苗有重大安全問題時，社會大眾是否還能對公共衛生與美國政府保持信心」，其實是很不幸地出自於他個人錯誤的認知。至少，無可爭議的事實是，他和他太太都打了莫德納疫苗，而到現在都還活得好好的，什麼問題也沒出。

mRNA 疫苗發明人的爭議：馬龍與卡塔林

2022 年 2 月初時，收到好幾個影片，都是羅伯特・馬龍醫生在談論 mRNA 新冠疫苗是有多危險。這些影片都會特別強調

馬龍醫生是 mRNA 疫苗的發明人，所以他是全世界最有資格談論 mRNA 新冠疫苗的人。可是，mRNA 疫苗發明人怎麼會認為 mRNA 新冠疫苗是有害呢？更何況他和他太太都是打了莫德納 mRNA 疫苗快一年了，而目前兩人都還是安然無恙。

其實，有關「馬龍醫生是 mRNA 疫苗發明人」這個聲稱，上一段文章就已經說：「羅伯特·馬龍是個 MD（有醫生執照），曾做過將 DNA 及 RNA 轉入細胞和動物的研究，但卻從未成功研發過 mRNA 疫苗（即目標抗體的產生）。」

由於我這篇文章需要同時分析好幾位人物以及好幾個議題，所以我也就只能做這樣簡短的說明。不過，現在既然還是有很多人在利用「馬龍醫生是 mRNA 疫苗發明人」這個聲稱來傳達「新冠疫苗有害論」，我覺得是有必要進一步解釋我的那段簡短說明。

馬龍是在那個 2021 年 6 月 10 日發布的影片裡首次以 mRNA 疫苗發明人的身份亮相，但其實早在 2020 年 11 月 10 日媒體就已開始報導另一位 mRNA 疫苗發明人。STAT 是一個專門在分析和報導生物科技、製藥以及生命科學的網站。它在 2020 年 11 月 10 日發表了一篇文章，標題是「mRNA 的故事：一個曾經被唾棄的想法如何成為 Covid 疫苗競賽中的領先技術」[5]。

這篇文章是在談一個名叫卡塔林·考里科（Katalin Karikó）

的人是如何掙扎奮鬥了三十多年，最後終於在 2020 年成功研發出 mRNA 新冠疫苗。 它還引用莫德納公司的創辦人德里克·羅西（Derrick Rossi）說卡塔林應當獲得諾貝爾獎。在接下來的半年裡，全世界各大媒體都爭相報導卡塔林的傳奇故事，例如 CNN 在 2020 年 12 月 16 號發表的文章，標題是「她被降職、懷疑和拒絕。 現在，她的工作是 Covid-19 疫苗的基礎」[6]。這篇文章也說有人認為卡塔林應當獲得諾貝爾獎。

從這兩篇報導就可看出，mRNA 疫苗的研發是經過了三十多年的奮鬥。之所以會如此困難，是有非常多的因素，而這些因素最後之所以能被克服，是靠數百位，甚至數千位科學家的共同努力，而馬龍只是其中之一。有興趣的讀者，可以去讀附錄裡的這篇文章，標題是「mRNA 疫苗糾纏的歷史」[7]。

馬龍在 1987 年時是沙克研究所的博士班研究生。他在 1989 年以第一作者的身份發表了論文，標題是「陽離子脂質體介導的 RNA 轉染」[8]。這項研究首度成功將 mRNA 轉入培養的細胞裡，並且證明轉入的 mRNA 是有功能的，也就是能轉譯蛋白質。

馬龍在 1990 年以第二作者的身份發表了另外一篇論文，標題是「將基因直接轉移到活體小鼠肌肉中」[9]。這項研究首度成功將 DNA 和 RNA 轉入動物的肌肉裡，並且證明轉入的 DNA 和 RNA 是有功能的，也就是能轉譯蛋白質。

　　莫德納和輝瑞新冠疫苗都是利用陽離子脂質體來將 mRNA 轉染進入肌肉。由此可見，這兩款疫苗都是運用了上面那兩篇論文所展示的技術。也就是說，如果沒有馬龍當年的貢獻，也許今天還不會有 mRNA 疫苗。但是，這樣的貢獻就表示馬龍是 mRNA 疫苗的發明人嗎？要知道，之所以能將 mRNA 成功轉染進入細胞和肌肉，最主要是靠陽離子脂質體，而這個東西是菲利普・費爾格納（Philip Felgner）博士所發展出來的（他也是上面那兩篇論文的作者，目前是加州大學爾灣分校的教授）。

　　我在前作《維他命 D 真相》書中這麼寫過：請注意，許多網路文章或書籍會說某一維他命是某某人在某一年發現的。可是，事實上，每一種維他命的發現都有其曲折迂迴的過程，而在不同的時段會有不同的科學家做出不同的貢獻。所以，有關「發現年」或「發現人」的記載，其實都不是精確的。這段話，套用在 mRNA 疫苗上，也一樣是恰當的。事實上直到現在，馬龍是唯一自我聲稱是「mRNA 疫苗發明人」的人。連主流媒體一致看好的卡塔林・考里科，也從未聲稱自己是 mRNA 疫苗發明人。

　　《大西洋雜誌》（The Atlantic）在 2021 年 8 月 12 號發表一篇文章，標題是「疫苗科學家傳播疫苗錯誤信息」[10]，副標題是「馬龍聲稱自己發明了 mRNA 技術。為什麼他如此努力地阻撓

它的使用？」這篇文章說馬龍寫了一個電郵給卡塔林，而他自稱是卡塔林的老師，並且指責卡塔林對媒體吹噓她在 mRNA 疫苗研發上的成就。可是卡塔林說她只跟馬龍見過一次面，而那是在 1997 年馬龍邀請她去演講。事實上，卡塔林現年六十七歲，而馬龍是六十二歲。

這篇文章也提到馬龍認為他在 mRNA 疫苗研發上的貢獻沒有得到應有的重視，又認為他是被「知識強姦」（intellectual rape），所以他才會投向邊緣媒體來抒發他的怨氣。對這些邊緣媒體而言，能有一位 mRNA 疫苗發明人來背書「疫苗有害論」，又何樂而不為呢？

 林教授的科學養生筆記

1. mRNA 疫苗的研發是經過了三十多年的奮鬥。之所以會如此困難，是有非常多的因素，而這些因素最後之所以能被克服，是靠數百位，甚至數千位科學家的共同努力，而馬龍只是其中之一

2. 「馬龍醫生是 mRNA 疫苗發明人」這個聲稱本身就有很大的爭議，而馬龍對於疫苗的質疑和怨氣也常常被利用來傳達「新冠疫苗有害論」

2-6

散播疫苗謠言的專家學者

＃ Dolores Cahill、Mike Yeadon、Simone Gold、美國前線醫生

2020 年底新冠疫苗開打後，就偶爾會看到一些疫苗有害的言論，但當時我並沒有特別在意，因為，第一、反疫苗人士及團體本來就是一直存在，所以他們會散播新冠疫苗有害的言論，也就不足為奇；第二、台灣同胞在那個時候根本不關注新冠疫苗，所以也就沒有人來問我。可是，最近（本文發表時間是 2021 年 6 月 22 號）由於台灣開始施打新冠疫苗，很多讀者就紛紛來問我關於疫苗有害的言論是否屬實。例如本書 126 頁裡，我指出羅伯特・馬龍醫生聲稱新冠疫苗有害，是基於他個人錯誤的認知，畢竟他和他太太都打了新冠疫苗，而他們卻都活得好好的。我也在這篇文章裡順便提起一個名叫拜倫・布里德（Byram Bridle）的加拿大教授，指出為何他也在散播新冠疫苗有害的言論。

都柏林大學教授對新冠疫苗的虛假信息

這三、四天來我又接到好幾個讀者來問關於兩位專家學者聲稱新冠疫苗有害的言論，所以本文就來談這兩位人士。先來談名叫多洛雷斯・卡希爾（Dolores Cahill）的教授。有關她的英文報導是多不勝數，但我在此用一篇 2021 年 5 月 27 號發表的中文文章來做入門，標題是「熱點播報：卡希爾博士呼籲停止疫苗接種，稱 mRNA 疫苗危害超過病毒本身」，此文第一段是：「2021 年 5 月 21 日，《今日亞太》（Asia Pacific Today）採訪了都柏林大學醫學院分子遺傳學教授、愛爾蘭自由黨主席——多洛雷斯・卡希爾博士。採訪中卡希爾博士指出，mRNA 疫苗對人類的危害極大且毫無用處，並強烈呼籲政府停止讓民眾接種疫苗。」

在 2021 年 3 月 12 號《美聯社》就已經發表「影片散播有關，新冠疫苗的虛假信息」[1]，此文第一和第二段（合併成一段）是：一個在社交媒體上流傳的影片正在分享有關新冠疫苗如何製作的虛假信息，並質疑其安全性和有效性。這個名為「疫苗試驗背後的真相」的誤導性影片是由一個聲稱與媒體「宣傳」作鬥爭的組織製作，以提供他們所說的公正敘述。這個三十二分鐘的影片講述了反疫苗人士小羅伯特・肯尼迪和都柏林大學醫學

院教授多洛雷斯・卡希爾的故事，後者此前曾散佈有關疫情的錯誤信息。在影片中，肯尼迪聲稱沒有製作安全疫苗的動機，而卡希爾則錯誤地聲稱世界上大部分地區都對這種已殺死超過五十萬美國人的病毒免疫。

補充：事實上卡希爾在一個 2020 年 12 月 6 號發表的影片裡聲稱維他命 C、D 和鋅可以非常有效地治療新冠肺炎，所以什麼封城、居家防疫、社交距離、戴口罩和打疫苗等等，都是沒必要的，請繼續看下一段文章。

多洛雷斯・卡希爾是愛爾蘭人，也在愛爾蘭的都柏林大學任教，所以我們就來看《愛爾蘭時報》（Irish Times）發表的三篇文章，分別是：一、2021 年 3 月 18 號發表，標題是「都柏林大學教授卡希爾被解除教職」[2]。這篇文章的小標題是「醫學院的學者提出許多關於新冠肺炎的虛假聲明」。二、2021 年 3 月 22 號發表，標題是「都柏林大學學者卡希爾辭去愛爾蘭自由黨主席職務」[3]。這篇文章的小標題是「反封城的活躍分子在聖帕特里克節集會上提出了未經證實的主張」。三、2021 年 3 月 27 號發表，標題是「一位都柏林大學教授是如何成為錯誤信息的主要傳播者？」[4]。這篇文章的小標題是「多洛雷斯・卡希爾的活動和評論讓她的雇主非常頭疼」。

輝瑞科學家耶頓為何成為反疫苗偶像？

接下來我們來認識邁克·耶頓（Mike Yeadon）。有關此人的英文報導也是多不勝數，而中文的，我就用一篇在台灣社群流傳的文章來做入門。這篇文章的第一段是：「疫苗公司輝瑞（Pfizer）的前首席科學家邁克·耶頓先生說，現在要挽救已經接種了 covid 19 疫苗的人為時已晚，他呼籲所有未接種過 covid 19 疫苗的人別再去接種『殺手』疫苗，為人類和兒童的生存而戰。這位著名的免疫專家強調了他的聲明，有關於滅除世界人口的過程及看法。首次注射疫苗後，預計將在二週內立即死亡總計 0.8％。那些能夠存活的人有望平均生活二年，但是這種能力會因後續補充疫苗注射而降低。」

《路透社》在 2021 年 3 月 18 號發表文章，標題是「那位成為反疫苗英雄的前輝瑞科學家」[5]。這篇文章的小標題是：邁克·耶頓是藥物巨頭輝瑞公司的一名科學研究人員和副總裁。他共同創立了一家成功的生物技術公司。然後他的職業生涯發生了意想不到的轉變。

這篇文章是很長的「特別報導」，文中詳細敘述了邁克·耶頓是如何從一位優秀的科學家轉變成散播錯誤訊息的人士，也提到輝瑞在 2011 年因為研發方針改變而將耶頓和他的整個團隊

解散，而耶頓就創立了一家叫做 Ziarco 的公司，致力於研發一款濕疹的新藥。這家公司在 2017 年被諾華公司（Novartis）收購，可是由於那款濕疹新藥在臨床實驗所顯示的效果並不怎麼好，所以諾華公司決定吞下將近五億美金的損失，終止該新藥的研發。從此，邁克‧耶頓就轉入社交平台，藉由散播新冠謠言而成為反疫苗人士追捧的英雄人物。他的輝瑞同事對此深表震驚和惋惜。

路透社在兩天後又發表文章，標題是「事實核查：前輝瑞科學家在錄音演講中重複新冠疫苗錯誤信息」[6]。這篇文章是逐條反駁邁克‧耶頓有關新冠病毒和疫苗的言論。

請注意，由於散播新冠疫苗謠言的人並沒有提供科學文獻，所以我也就只能引用美聯社和路透社這兩家較可靠的新聞媒體來駁斥這些謠言。但是，如果讀者想要深入了解這些謠言的「科學層面」，那就請看韋恩州立大學醫學院外科與腫瘤學教授大衛‧戈斯基（David Gorski）醫生發表的文章，標題是「被新冠疫苗『滅除人口』？」[7]。

西蒙尼‧戈爾德：散播新冠謠言的醫生、律師、叛亂者

自從新冠疫情爆發之後就不斷有讀者來詢問一些醫生、學

者及專家所發表的言論是否屬實。這也難怪，畢竟在普羅大眾眼中這些人是學有專長，不應該會發表違反醫學證據的言論。但很不幸的事實是，金錢誘惑、宗教信仰以及政治傾向都能讓這些人濫用他們的學有專長。

本段我要來談另一位很多讀者來詢問的醫生，西蒙尼‧戈爾德（Simone Gold）。有關她的影片是「疫苗的真相」（The truth about covid-19 vaccine）。這個影片是由「薇羽看世間」在 2021 年 2 月 25 號上傳到 rumble 平台。「薇羽看世間」是由大陸人士陳薇羽創立，此人是川普總統的鐵粉，包括支持他所聲稱的「奎寧能預防和治療新冠肺炎」。前面也講過，Rumble 平台可以說是給那些被 YouTube 禁止的影片播放的網站。

這個影片是 2021 年 1 月 3 號禮拜天拍攝，地點是佛羅里達州的一個教會（The River at Tampa Bay Church）。這個教會的牧師聲稱新冠病毒只是敵人編織出來的假病毒，目的是讓比爾蓋茲用疫苗來控制人類。請看《坦帕灣時報》（Tampa Bay Times）發表的這篇文章，標題是「宣講陰謀：冠狀病毒使坦帕牧師的信仰成為主流聚光燈」[8]。

西蒙尼‧戈爾德醫生 1 月 3 日在這個教會演講完之後，1 月 5 日在首都的自由廣場對川普支持者又做了一次演講，繼續聲稱奎寧才是新冠神藥，疫苗則是有害。隔天，她參加暴民攻擊國

會，而在強行進入國會大廈後，在圓形大廳拿著大聲公又做了一次演講，繼續聲稱奎寧是新冠神藥，而疫苗有害。1 月 18 日她在洛杉磯比佛利山莊家中被聯邦執法人員逮捕[9]。

事實上，早在 2020 年 7 月她就成立了一個所謂的「美國前線醫生」（America's Frontline Doctors）組織，雖然他們從未做過前線醫生。她和七位同夥的醫生在 7 月 27 日站在聯邦最高法院門口的台階上演講，聲稱奎寧能有效預防和治療新冠肺炎，所以呼籲川普政府要取消封城、居家抗疫、戴口罩等措施。有關這個團體另一位神醫（Stella Immanuel）的怪誕行徑和奎寧是否能預防或治療新冠肺炎，請複習《偽科學檢驗站》113 頁。

她也曾在 2020 年 4 月 22 日送出一篇推文，裡面是她穿著標識著「急診部」的白袍，站在洛杉磯著名的「雪松 - 西奈醫院」（Cedars-Sinai hospital）急診室門口，宣稱新冠病毒的危害是被過度渲染。由於她在 7 月 27 日的「白袍高峰會」演講容易被誤以為她是這家醫院急診室的醫生，所以這家醫院兩天後特別發表一份聲明：「自 2015 年以來，西蒙尼・戈爾德醫生就沒在雪松 - 西奈醫療中心或其任何辦事處或附屬機構工作過。在 2015 年末的三個星期裡，戈爾德醫生被雪松 - 西奈醫療網路按日薪聘用。在這段短暫的時間裡，她在一個網路緊急護理所工作。戈爾德醫生沒有被授權，也無權代表雪松 - 西奈談論任何信

息。」[10]

　　除了是一名醫生，西蒙尼・戈爾德同時也是律師，她的生平可說是相當精彩。Mother Jones 網站有發表一篇深度的報導，標題是「醫生、律師、叛亂者：西蒙尼・戈爾德的激進化」[11]，有興趣的讀者可以去找來看。總之，西蒙尼・戈爾德醫生有關新冠疫苗以及奎寧的言論，是基於她個人的信仰與理念，而不是科學證據。

 林教授的科學養生筆記

1. 金錢誘惑、宗教信仰以及政治傾向，都能讓醫生、學者及專家濫用他們的專長，來為非科學背書

2-7

新冠疫苗的副作用探討

＃紅斑性狼瘡、痛風、輝瑞、BNT、PHMPT

新冠疫苗會引發痛風嗎？

　　讀者林先生在 2021 年 10 月 4 號詢問：「林教授，請問有研究發現接種新冠疫苗會引發痛風嗎？我是在一個多禮拜前接種第一劑的莫德納疫苗，三天後右腳大拇指就開始疼痛，然後整個腳背都是紅腫劇痛，這一個禮拜來每天都是痛得白天行動困難，晚上無法睡覺，吃布洛芬也沒什麼效果。我去看醫生，他說是痛風，但不認為是跟新冠疫苗有關。我上網查看，發現有人在問痛風患者可不可以打新冠疫苗，也有人回答說痛風正在發作的人不可以打。可是，我以前從沒患過痛風啊，去打疫苗時也沒有痛風發作啊，怎麼會打了疫苗之後就得了痛風？」

　　的確，網路上是有人在討論痛風患者可不可以打新冠疫

苗，例如有位署名「痛風醫生王魏」的人就在 2021 年 9 月 16
號發表文章，標題是「新冠疫苗不會引發痛風，反而飲酒竟會
從這麼多角度誘發痛風」，而他在第二段說：「新冠疫苗的出現
是全人類的福音，但也有一部分慢性病患者不敢注射，怕導致
自己的病情更加嚴重，痛風患者就是其中之一。專家表明，只
要患者的痛風不處於急性發作期，就可以放心接種新冠疫苗，
痛風的主要原因是是血液中的尿酸成分過高導致的，與疫苗並
無直接關係。反而，飲酒可能會從多方面促使痛風發作，患者
一定要引起注意。」

　　我不知道這篇文章的作者是不是真的痛風醫生，但他這段
話裡的「專家表明」讓我對他失去信心。我在 2017 年就寫過以
下這段話：「網路謠言的特徵之一就是會用『研究表明、專家表
示、王醫師說、戴博士說』等等，看似權威但卻無從查證的資
訊來源。」想想看，如果真的是煞有其事，那為什麼說不出確
切的資訊來源，而要用「專家表明」這樣的蒙混字眼呢？

　　不管如何，痛風的病因是血液裡的尿酸過多，會在關節
處形成針狀結晶，造成關節發炎和疼痛，而最常發生的地方就
是大腳趾。它的治療通常是用長效性的「非類固醇消炎藥」
（NSAIDS），例如「吲哚美辛」（Indomethacin）。補充：布洛芬
也是非類固醇消炎藥，但它是非處方藥，消炎止痛的效力也不

如需要醫師處方的「吲哚美辛」。

由於新冠疫苗的正式使用還不滿一年，而很多與它們相關的副作用又是案例稀少，所以我們可以預期醫學文獻裡不太可能會有關於它們會引發痛風的論文。但是，醫學文獻裡的確是有一篇論文報導其他幾種疫苗會引發痛風發作。我會在稍後討論這篇論文。

網路上有兩篇可信度蠻高，關於新冠疫苗會引發痛風發作的文章。第一篇是 2021 年 3 月 11 號發表的文章，標題是「疫苗會導致痛風發作嗎？」[1]。這篇文章是發表在《今日足病學》（Podiatry Today）網站，而作者是足病學醫生理查·布萊克（Richard Blake）。他先是在文章的前兩段裡敘述一位病患在接種帶狀皰疹疫苗之後出現痛風發作，然後他在第三段裡是這麼說：「我看到很多患者在接種 COVID-19 疫苗之後發生這些類似的症狀，不管接種的是第幾劑或是什麼品牌。 我將這些情況視為痛風發作，而這可能真的就是。 痛風發作是由於新陳代謝的變化而發生的，而根據我的經驗，接種疫苗是會導致新陳代謝產生劇烈變化。」

第二篇文章是 2021 年 3 月 16 號發表的文章，標題是「我的老年患者在接種 COVID-19 疫苗幾天後出現了痛風發作。疫苗接種和痛風發作之間有關聯嗎？」[2]。這篇文章是發表在美國

聖路易斯市慈悲醫院（Mercy Hospital）的網站，而作者是這家醫院的醫學系主任法林‧曼尼安（Farrin Manian）醫生。他在文章的第一段說：「儘管尚未確定 Covid-19 疫苗接種與痛風發作之間的關聯，但已經有報導說在接種其他幾種疫苗（例如流感、破傷風、重組帶狀皰疹）後，痛風及痛風發作率更高。因此，可以設想隨著越來越多人的接種，Covid-19 疫苗也可能會跟痛風發作有關。」

　　這段話裡所說的「報導」就是我在前面提到的那篇研究論文。它是 2019 年發表的論文，標題是「接種疫苗後痛風發作的風險：前瞻性病例交叉研究」[3]。這篇論文在一開始先介紹說，重組帶狀皰疹疫苗的兩項三期臨床試驗的安全性數據顯示這個疫苗會增加痛風發作的風險 3.6 倍，所以這篇論文的作者們（研究人員）才會想要調查其他疫苗是否也有增加痛風發作的風險。研究人員共調查了 517 位痛風患者，詢問他們在接種疫苗（例如流感和破傷風）兩天之後有沒有出現痛風發作。結果是「整體而言，接種疫苗會提升痛風發作的風險兩倍」可是，儘管如此，研究人員在最後說，與疫苗接種相關的痛風發作是很少發生，然而疫苗接種的好處卻是壓倒性的。也就是說，他們不希望人們因為害怕會發生痛風而拒絕接種疫苗。

　　現在我可以回答讀者林先生的問題了。雖然他在打疫苗之

前沒有患過痛風，但也許他已經是有高尿酸。所以，誠如足病學醫生理查・布萊克所說，接種疫苗是會導致新陳代謝產生劇烈變化，而這個劇烈變化才會最終促使林先生首次發生痛風。

後記：臉書朋友 Andy Ho 在 2021 年 10 月 25 號回應：「教授你好，最近一兩年都沒發作的痛風卻莫名發作，況且最近我的飲食非常健康，一直讓我很納悶，結果就上網查了一下打疫苗跟痛風的關係，沒想到真的看到是有關係的可能。我也真的沒有去聯想到打 bnt 跟我痛風會有關係，打了 bnt 我只關注有沒有發燒會不會血栓而已，不過看了你的文，我總算相信有關係」

新冠疫苗誘發紅斑性狼瘡的可能性

2021 年 10 月左右，很多台灣媒體都在報導一名女高中生在打過 BNT 疫苗後出現臉頰及雙腿嚴重水腫和腎臟發炎，而她在就醫後被確診為罹患紅斑性狼瘡。當時指揮中心專家諮詢小組召集人張上淳說，新冠疫苗與紅斑性狼瘡是否有關，國際上沒有特別提到有關連，也沒有相關報告。所以，有位讀者就來問我是否有新冠疫苗會誘發紅斑性狼瘡的相關研究，而我也立刻就發表了文章，標題是「新冠疫苗誘發紅斑性狼瘡，並非沒有相關報告」。

2021 年 11 月 1 號，讀者俊華在這篇文章的回應欄裡留言：「你好，本人遇到的狀況跟以上的描述是一樣的，接種疫苗過後關節開始發炎、腳水腫、腎臟發炎。現在需服食類固醇，我想八、九成是疫苗引起……請發送最新進展消息，讓我得到更好更快的方法治療，謝謝你。」

大多數人在接種疫苗後會出現一些常見的副作用，例如打針處疼痛和體力較差，而少數人則會出現所謂的罕見副作用。但問題是，由於罕見，這類副作用就很難用臨床試驗來予以證實（案例太少，無法得到有意義的統計數據），而既然是無法證實，這類副作用就往往會被衛生官員說是缺乏證據。紅斑性狼瘡就是一個很好的例子。

早在 1999 年就有這麼一篇回顧性的論文，標題是「免疫接種會導致結締組織病嗎？系統性紅斑狼瘡 5 例報告及文獻複習」[4]。此文結論是：「儘管不能排除疫苗接種與系統性紅斑狼瘡發病之間的巧合關聯，但與症狀發展的時間關係使得在這些罕見病例中疫苗接種引發全身性自身免疫在免疫學上是合理的。我們建議進行流行病學研究以更詳細地檢查這種潛在的關聯，以量化風險並確定可能的遺傳風險因素。」

2001 年又有這麼一篇回顧性的論文，標題是「疫苗接種和系統性紅斑狼瘡：雙向困境」[5]。其文摘是：「疫苗接種可能是上

個世紀醫學領域最重要的成就。過去曾奪走許多人，尤其是兒童生命的大量傳染病已被預防，有些甚至已被根除。然而，這份禮物中可能隱藏著一個『特洛伊木馬』。在過去的十年中，越來越多的關於疫苗接種可能產生的自身免疫副作用的報告已經發表。現有數據並未將疫苗與在因果關係中觀察到的自身免疫現象聯繫起來，但已經描述了時間性的聯繫。在本文中，我們希望特別討論疫苗與系統性紅斑狼瘡（SLE）之間可能存在的聯繫，即這種相互關係的兩個方面：疫苗接種後 SLE 的發生和已知 SLE 患者的免疫結果。」

2017 年的回顧性論文，標題是「系統性紅斑狼瘡和類風濕性關節炎的疫苗接種和風險：系統評價和薈萃分析」[6]。它的結論是：「這項研究表明，接種疫苗與系統性紅斑狼瘡和類風濕性關節炎的風險增加有關。需要更多更大的觀察性研究來進一步驗證上述發現並評估疫苗接種與其他風濕病的關聯。」

2017 年的回顧性論文標題是「疫苗接種和自身免疫性疾病：預防不良健康影響即將來臨？」[7] 在過去的十年中，關於各種自身免疫性疾病的報告已經積累，例如特發性血小板減少性紫癜、心肌心包炎、原發性卵巢功能衰竭和系統性紅斑狼瘡（SLE）接種疫苗後。

就新冠疫苗而言，2021 年 8 月紐約大學及阿爾伯特愛因斯

坦醫學院的三十位研究人員發表論文，標題是「SARS-CoV-2 疫苗接種後紅斑性狼瘡患者的免疫反應和疾病狀態評估」[8]。他們調查 79 位接種新冠疫苗（輝瑞、莫德納、或嬌生）的紅斑性狼瘡患者，發現其中九位出現中低程度的發作，一位出現嚴重的發作。

2021 年 9 月，一個國際團隊又發表論文，標題是「系統性紅斑狼瘡患者對 COVID-19 疫苗的耐受性：國際 VACOLUP 研究」[9]。他們調查了世界各國 696 位接種新冠疫苗（輝瑞、莫德納、科興、AZ 或嬌生）的紅斑性狼瘡患者，發現其中二十一位在接種後三天左右出現紅斑性狼瘡症狀，其中四位需要住院。

這兩篇研究報告的調查對象都是已知的紅斑性狼瘡患者，所以它們的結論也就只能說，新冠疫苗有可能會誘導紅斑性狼瘡的發作。至於新冠疫苗是否會誘導紅斑性狼瘡的發生，或新冠疫苗所誘發的紅斑性狼瘡是否會隨著新冠抗體逐漸減弱而消失，目前都還不知道。

後記：讀者 Sophia 來詢問要不要打第二劑，我跟她回覆後，王見豐醫師也加入討論。我把他的意見拷貝如下：

「謝謝教授分享。為免有讀者誤解教授意思而不敢接種疫

苗，做點補充說明。1. 學理上，紅斑性狼瘡患者以及其他風濕病患者，接種新冠疫苗或其他疫苗，都有可能會誘導既有疾病加劇（flare）發作。但一來發生率不高，萬一發生多數症狀也輕微；更要緊的是，感染本來就可能誘發既有疾病加劇，而且風濕病患者一旦感染新冠病毒，發生重症必須住院的風險也比普通人高。2. 接種新冠疫苗是否會誘導紅斑性狼瘡的發生，目前還不知道。如同上述原因，經常有風濕病患者是在病毒感染後第一次確診風濕病，究竟是感染誘發疾病，還是本來輕微的疾病因感染加重才診斷？很難斷定。很同意教授在上則留言的回答「整體而言，利大於弊。」風濕病醫學會給患者的建議就是「沒有完全無風險的決定，只有利大於弊的考量」。詳情可參考風濕病醫學會[10]。

 林教授的科學養生筆記

1. 關於新冠疫苗可能會引發痛風和紅斑性狼瘡的風險，確實是有醫學文獻的報告

2. 中華民國風濕病醫學會給患者打疫苗的建議是：沒有完全無風險的決定，只有利大於弊的考量

2-8

解讀疫苗不良事件通報系統（VAERS）

＃ VAERS、PHMPT、完全接種死亡率

　　每當有人發來臉書朋友的邀請時，我都會先看他是何許人和貼的是什麼文，然後才決定是否同意加入。2021 年 10 月 10 號時，有位林先生來要求加入臉書朋友，而我看到他的最新貼文是一篇 2021 年 10 月 7 號發表在《新頭殼》的文章，標題是「打新冠疫苗不良反應死亡 843 人，確診死亡 844 人。葉毓蘭批：政府疏於管控，保命變奪命」。

打疫苗後死亡比病死多？通報≠確認

　　我為了查證這篇文章是否可信，就用「新冠疫苗不良反應死亡 843 人」做搜索，結果又搜到一篇 2021 年 10 月 8 號發表在《新聞雲》的文章，標題是「打疫苗後死亡 850 人＞ 845 死亡病例，葉毓蘭批指揮中心：保命變奪命」。此文第一段是：疾

管署 8 日公布的最新數據顯示，施打新冠疫苗後通報死亡數為 850 人，超過新冠肺炎死亡病例 845 人。對此立委葉毓蘭在臉書發文痛批，指揮中心「疫苗施打真落漆」，對整體疫苗施打的流程控管欠缺管控，讓保命疫苗，變成了奪命疫苗。

在寫此文的時間點，美國的新冠肺炎死亡人數是 71.3 萬，差不多是台灣的八百倍。美國的新冠疫苗施打劑次是四億多，差不多是台灣的二十二倍。美國的新冠疫苗施打後通報死亡人數是 8390，差不多是台灣的十倍。所以，跟美國相比，不管是在新冠肺炎死亡人數的基礎上，還是在新冠疫苗施打劑次的基礎上，台灣的新冠疫苗施打後通報死亡人數，都是偏高的。

但是，「偏高」是有意義嗎？「通報死亡人數」又是什麼意思？美國是在 1990 年建立「疫苗不良事件通報系統」（Vaccine Adverse Event Reporting System），簡稱 VAERS[1]，目的是要檢測被美國政府許可的疫苗中可能存在的安全問題。 根據 VAERS 網站，任何人都可以向 VAERS 通報不良事件，醫療保健專業人員則必須通報某些不良事件，而疫苗製造商則必須通報他們注意到的所有不良事件。

請注意，VAERS 只是個疫苗不良事件的「通報」系統，而不是疫苗不良事件的「確認」系統。再加上任何人都可以通報，所以這個系統所顯示的不良事件數據，是絕對不可以被解

讀為真正（醫學證實）的不良事件數據。但很不幸的是，有心人士，尤其是反疫苗人士，尤其是反新冠疫苗人士，就充分利用 VAERS 容易被誤解的弱點，鋪天蓋地地散播虛假訊息，說新冠疫苗是政府用來殺害人民的工具，例如下面列出的這四篇報導：

一、2021 年 5 月 26 號《科學期刊》文章，標題是「反疫苗人士使用政府的副作用數據庫來嚇唬公眾」[2]。二、2021 年 10 月 4 號，Consumer Reports 網站文章，標題是「政府數據如何被濫用來質疑 COVID-19 疫苗的安全性」[3]。三、2021 年 10 月 4 號，《路透社》文章，標題是「事實查核 –VAERS 數據並未表明分析聲稱的 COVID-19 疫苗導致 150,000 人死亡」[4]。四、2021 年 10 月 5 號，Poynter 網站文章，標題是「聲稱數百萬人死於 COVID-19 疫苗是沒有根據的」[5]。

台灣大概是向美國學習吧，也設立了台灣版的 VAERS[6]。它說：在接種疫苗後所出現的身體上的不良情形，即使不確定是否為疫苗所導致，但無其他明確原因可以解釋，因而懷疑或無法排除與接種疫苗具關聯性的，就可以通報疫苗不良事件。當懷疑個案的死亡是疫苗不良事件所造成時，就可以通報。

所以，很明顯地，台灣和美國的 VAERS 都是讓任何人只要「懷疑」有不良事件（包括死亡），就可以通報。但是，就美國

VAERS 的 8390 個「通報死亡人數」而言，目前已經被確認的「新冠疫苗導致的死亡人數」是三個（由於嬌生疫苗所導致的血栓）。也就是說，「通報死亡人數」跟「確認死亡人數」之間有相當大的差距。但很不幸的是，《新頭殼》那篇文章的標題是「打新冠疫苗不良反應死亡 843 人」，《新聞雲》那篇文章的標題是「打疫苗後死亡 850 人」，立委葉毓蘭那篇臉書文章卻又是聲稱「讓保命疫苗，變成奪命疫苗」。

輝瑞疫苗副作用足足 9 頁？來龍去脈的追查

讀者 baalchen 在 2022 年 3 月 6 號利用本網站的「與我聯絡」詢問：林教授，近來長輩群組傳來此訊息，標題是「炸了！FDA 敗訴！輝瑞被迫公開疫苗數據！副作用足足 9 頁！全網驚呆」。想請教林教授對此文的見解，謝謝。

讀者詢問的這篇文章是「US168 資訊網」兩天前的 2022 年 3 月 4 號發布在「微信」，而網路上類似的中文文章大概有幾十篇（大多是簡體），英文的文章則大概有數百篇。這些文章的源頭是網路新聞媒體 End Points News 在 2022 年 3 月 2 號發表的文章，標題是「FDA 開始法院強制發布數千頁關於輝瑞 Covid-19

疫苗審查的信息」[7]。

　　不幸的是這篇原本純屬報導又心平氣和的文章，卻被有心人士加油添醋，牛頭接馬嘴，演變成一篇又一篇什麼「炸了、震驚、全網炸鍋、驚呆全網」等等語不驚人誓不休的垃圾文章。事實上，早在 2022 年 1 月 27 號，同一位 End Points News 的資深編輯就已經發表文章，標題是「輝瑞希望幫助 FDA 有關該公司的 Covid-19 疫苗數據新的、法院強制的四百到五百萬美元的 FOIA 發布」[8]。補充，FOIA 的全名是「信息自由法」（Freedom of Information Act）。

　　這篇文章說，法院強制 FDA 公佈輝瑞疫苗的資料，可是由於該資料數量龐大，裡面又參雜了許多合法的商業機密，而 FDA 的人力有限，所以 FDA 要求法院給他們五十五年的時間來公佈所有資料。然而輝瑞為了能讓大眾及早看到他們的資料，主動跟法院說他們願意提供四到五百萬美金，好讓 FDA 能夠僱用十五個承包商來整理這些資料。也就是說，FDA 並不是不願意公佈資料，而是因為人力不足，而最後是在輝瑞願意提供經費的情況下，FDA 才總算能夠開始公佈輝瑞的疫苗資料。

　　向法院提告，要求強制 FDA 公佈輝瑞疫苗資料的是一個叫做 PHMPT 的組織（Public Health and Medical Professionals for Transparency，要透明度的公共衛生和醫療專業人員）。我們來

看微信那篇文章是怎麼介紹這個組織，它說：「PHMPT組織是由美國知名大學的數十位學者、教授和公共健康專業人士組成……」可是，根據PHMPT的官網[9]，要加入該組織的人只需要在他們的網站填寫姓名、職稱、郵遞區號、電郵地址及以何種身份加入（醫療人員、公衛人員、科學家或記者）。還有，PHMPT目前顯示大約有五百人已經簽名加入該組織，而我也相信，在我的個人網站的讀者群裡，至少應該會有五百人合乎加入PHMPT的條件。由此可見，微信那篇文章所說的「PHMPT組織是由美國知名大學的數十位學者、教授和公共健康專業人士組成……」，完全是一派胡言。

事實上，PHMPT在它的首頁就說：「這個由公共衛生專業人員、醫療專業人員、科學家和記者組成的非營利組織的存在僅僅是為了獲取和傳播FDA用於許可COVID-19疫苗的數據。本組織對數據不持任何立場，只是將其公開好讓獨立專家進行自己的審查和分析。」所以，PHMPT只不過是將FDA所釋出的資料公佈在他們的網站，而完全沒有對這些資料做任何的分析或評論。也就是說，簽名加入該組織的人士，純粹就只是簽名加入（表達支持），而沒有從事任何其他功能。

好，我們現在可以來看微信那篇文章所說的「副作用足足九頁」，到底是怎麼回事。PHMPT總共公佈了一百五十份輝瑞

疫苗的資料，而其中一份是在 2021 年 11 月 17 號製作出來的，標題是「授權後不良事件報告的累積分析」[10]。

這份資料共有三十八頁，而最後的九頁是一個附錄，標題是「特別關注的不良事件清單」。這個九頁的附錄就是微信那篇文章所說的「副作用足足九頁」，可是，在這份三十八頁資料的第五頁就有說：「在解讀這些數據時，應考慮上市後藥物不良事件報告的局限性」，而其中一項局限性是「不良事件報告的累積並不一定表明特定不良事件是由藥物引起的；相反，該事件可能是由潛在疾病或其他一些因素引起的，例如既往病史或伴隨用藥。」

VAERS 通報系統易被誤解的原因

事實上，這份不良事件清單所列舉的副作用絕大多數是來自「疫苗不良事件通報系統」[11]，簡稱 VAERS。我也曾解釋過：「VAERS 只是個疫苗不良事件的『通報』系統，而不是疫苗不良事件的『確認』系統。再加上任何人都可以通報，所以這個系統所顯示的不良事件數據，是絕對不可以被解讀為真正（醫學證實）的不良事件數據。但很不幸的是，有心人士，尤其是反疫苗人士，尤其是反新冠疫苗人士，就充分利用 VAERS 容易

被誤解的弱點，鋪天蓋地散播虛假訊息，說新冠疫苗是政府用來殺害人民的工具。」

所以，微信那篇文章，還有其他類似的文章，就只是再次利用 VAERS 容易被誤解的弱點，鋪天蓋地散播虛假訊息。

後記，這篇文章發表後的第三天（台灣時間 2022 年 3 月 10 號）林氏璧孔醫師（前台大感染科醫師）有將我這篇全文在他的 podcast 念給大家聽。

 林教授的科學養生筆記

1. VAERS 只是個疫苗不良事件的「通報」系統，而不是「確認」系統。再加上任何人都可以通報，所以這個系統所顯示的數據，是絕對不可以被解讀為真正的不良事件數據。

2. VAERS 通報方法的寬鬆特性，常常被反疫苗人士加油添醋地使用其中的數據來嚇唬公眾

Part *3*
保健食品檢驗站

從 2016 年成立「科學的養生保健」這個網站五年多，我檢驗過無數保健品，還沒有看過一個是有確切科學證據的，本書的這個部分，又再次證明這個觀點

巴西蘑菇療癌？木鱉果護眼？效果查證

#藥用蘑菇、癌症、姬松茸、眼疾

讀者 jack 陳在 2021 年 5 月 13 號詢問：「林博士您好，拜讀您的三本書籍後自覺受益頗多，亦成為您的忠實讀者。不知您對巴西蘑菇治癌的看法如何，有無科學研究及實證？」

巴西蘑菇能治癌？尚未證實

「巴西蘑菇」這個名字會讓人以為它是原產於巴西，很多資料（甚至科學文獻）也都說它原產於巴西。但事實上這種蘑菇在十九世紀就已經在美國東南沿岸的各州（例如佛羅里達）商業化種植作為食用，在巴西卻一直要等到 1960 年才首次被發現。五年後，住在巴西的日本移民古本隆敏（Takatoshi Furumoto）把這種蘑菇送到日本去做藥理研究，使其搖身一變成為藥用蘑菇。也就是說，由於日本學者發現這種蘑菇具有抗

癌作用，才使得它成為巴西一項很賺錢的外銷產品。

這種蘑菇的學名是 Agaricus subrufescens，1893 年美國植物學家查爾斯・霍頓・佩克（Charles Horton Peck）在一份紐約州立自然歷史博物館的年度報告裡首次描述了它的生長特性。不幸的是，在巴西發現的這種蘑菇被錯誤命名為 Agaricus blazei Murrill，所以這個錯誤的學名反而變成了主流。不但是大多數科學文獻採用這個錯誤的學名，連保健品也都採用這個錯誤的名稱。而為了方便行銷，保健品業者還將它簡寫為 ABM。不管如何，這種蘑菇在日本是叫做「姬まつたけ」，翻成中文就是「姬松茸」（姬是公主的意思）。

在公共醫學圖書館 PubMed 用 Agaricus subrufescens 做搜索，會搜到 48 篇論文，但其中沒有一篇是臨床試驗。用 Agaricus blazei Murrill 做搜索則會搜到 60 篇論文，而其中有兩篇是臨床試驗。

2012 年發表的那篇論文標題是「巴西蘑菇和年長女性炎症介質：隨機臨床試驗」[1]。這項研究是將 57 名平均年齡 70 多歲的婦女分成兩組，一組 29 人吃安慰劑，另一組 28 人吃巴西蘑菇萃取物，每天吃 900 毫克，共吃 60 天。然後她們接受一些測驗，包括體重、腰圍、血壓以及血液中的細胞因子（IL-6、IFN、TNF），結果是兩組之間沒有任何差別。

　　這項研究是由一個五人的團隊所做的，而他們是分別隸屬於六個巴西的大學和研究所，所以他們當然是希望巴西蘑菇會有功效。但是，他們在文章的最後說：「根據這些結果和對當前文獻的分析，我們得出的結論是，目前沒有足夠的科學證據支持巴西蘑菇用於預防免疫調節疾病，特別是在老年女性中。儘管許多流行病學聲稱巴西蘑菇的成分能對人體產生作用，仍有無數問題沒有得到解答。需要進一步研究以闡明巴西蘑菇對人體免疫系統的影響程度，包括健康和疾病狀態。」

　　2015 年發表的那篇論文，標題叫做「基於巴西蘑菇萃取物的 AndoSan 對接受高劑量化療和自體幹細胞移植的多發性骨髓瘤患者的免疫調節作用：一項隨機、雙盲臨床研究」[2]。這個標題裡所說的 AndoSan 是日本 ACE 公司的產品，裡面含有 82.4% 的巴西蘑菇萃取物，14.7% 的猴頭菇萃取物，以及 2.9% 的舞茸萃取物。它之所以會被用在這個研究，是因為研究人員之一的蓋爾·何特蘭（Geir Hetland）是 Immunopharma 公司的創辦人，而這家公司是 AndoSan 在挪威的分銷商。補充，蓋爾·何特蘭曾發表論文，聲稱巴西蘑菇具有抗癌、抗菌、抗過敏、抗發炎等作用，請看 2011 年發表的論文[3]。

　　這項研究是在挪威進行的，而對象是四十名多發性骨髓瘤患者。這些患者都是在接受高劑量化療以及自體幹細胞支持

療法。他們被分成兩組，一組 21 人吃安慰劑，另一組 19 人吃 AndoSan，總共吃了約七週。結果，在接受 AndoSan 治療的患者中發現 Treg 細胞和漿細胞樣樹突細胞的百分比增加，以及 IL-1ra、IL-5 和 IL-7 的血清水平顯著增加。全基因組微陣列顯示，AndoSan 組中免疫球蛋白基因、殺傷性免疫球蛋白受體（KIR）基因和 HLA 基因的表達增加。但是，在治療反應、總生存期和新治療時間方面沒有統計學上的顯著差異。

所以，2012 年那篇論文說巴西蘑菇萃取物沒有調節免疫功能的作用，而 2015 年那篇論文則說有。但不管如何，2015 年那篇還是發現巴西蘑菇對癌症病患的治療反應以及生存期都沒有影響。也就是說，**從 1960 年代巴西蘑菇首次被認為具有抗癌作用，到現在 2021 年，將近 60 年的研究，還是沒有任何臨床證據可以支持巴西蘑菇可以抗癌或治癌的論調。**

木鱉果治眼疾？科學證據為零

讀者 Miles Kao 在 2021 年 7 月 24 號在上一篇巴西蘑菇治癌文章的回應欄裡留言：「從林博士的網頁文章與書籍中受益良多，來這裡學習新知識已成了每天的習慣。不知您對木鱉子治療眼疾的看法如何呢？網路上一堆人在推薦，例如這個連結。

雖然看了林教授文章那麼久，直覺就認為是騙人的，不過長輩們就是深信不疑。想請教有相關木虌子的科學研究及實證嗎？感謝您的文章豐富了我們的生活。」

　　讀者提供的連結是一篇長達二十四頁的廣告文，標題是：「木虌果治療白內障、青光眼、黃斑等眼病，六十天眼睛看得清楚、看得遠、不模糊」。標題下面的圖片是眼科權威專家陳瑩山醫師的人像，以及「三十天恢復視力、六十天可換雙新眼睛、木虌果治眼病，見效快不復發」等字眼。然後，下面是一大堆見證，專家推薦，以及各大媒體報導等等。其中一個見證是：老伴幫我買的這個木虌果茶，得到了眼科專家的認證，還有美國的醫學研究，不手術就能清除白內障……。連續喝了三個週期，我的白內障完全好了……（註：有關陳醫師的照片是被盜用的，請看本文後記。還有，已經有兩位讀者回應，買到的是龍眼乾）

　　然後再下面是一個「木虌果醫學價值研究」的章節，而其內容是：「美國農業部 USDA 在官方網站公佈了木虌果的研究結果，在《農業與食品化學雜誌》（Journal of Agricultural and Food Chemistry）學術雜誌上，研究指出木虌果是至今發現的類胡蘿蔔素含量最豐富的水果。它蘊含多種人體必需營養素，以及豐

富植化素……現今已成為 3C 世代大眾最佳治眼聖品。眼科專家研究發現：木鱉果中的 β 胡蘿蔔素、木鱉果中所含營養素的組合是唯一被證實能減輕、提前修護視網膜剝離、病變（AMD）的風險。哈佛大學醫學院發現……一項重要的研究，審查 90 名 AMD 患者發現，這些令人驚訝的補充類營養素可以治療眼病，有效率達到 98% 以上造福眼病患者。」

　　我用木鱉果的學名 Momordica cochinchinensis 在「公共醫學圖書館」（PubMed）搜索，搜到 116 篇論文，而其中只有一篇是人體臨床試驗。這篇論文是發表於 2002 年，標題是「補充木鱉果（gac)30 天後，兒童的血漿 β-胡蘿蔔素和視黃醇濃度增加」[4]。從這個標題就可看出，這項研究發現攝取木鱉果可以增加血漿 β-胡蘿蔔素和視黃醇的濃度，但它並沒有做任何跟眼睛相關的研究。事實上，在全部 116 篇論文裡，沒有任何一篇是跟眼睛有關的研究。

　　在這 116 篇論文裡，有一篇是由美國農業部的研究人員在 2004 年發表的，而標題是「gac（木鱉果）的脂肪酸和類胡蘿蔔素組成」[5]。從這個標題就可看出，這項研究只是分析了木鱉果的脂肪酸和類胡蘿蔔素成分。它完全沒有說「木鱉果是至今發現的類胡蘿蔔素含量最豐富的水果」。還有，請注意，美國農業

部的研究人員所發表的論文是不可以被當成是美國農業部的官方文獻或立場。就好像說，雖然我是加州大學的教授，但我發表的論文卻不能代表加州大學一樣。

總之，我找不到任何科學文獻或資訊可以支持這個廣告所聲稱的「眼科專家的認證」、「美國的醫學研究」、「哈佛大學醫學院發現」、「美國農業部官方網站公佈了木鱉果的研究結果」等等。至於木鱉果是否能讓你「30 天恢復視力」、「60 天可換雙新眼睛」，就請讀者去跟眼科權威專家陳瑩山醫師請教吧。

後續回應

這篇文章發表之後，陳瑩山醫師在 2021 年 8 月 22 號留言回應：「林教授您好，昨天因為蔡醫師的告知，我才知道您有在偽科學這邊來求證木鱉果的網路商品的推銷。事實上這一件木鱉果的商品廣告是盜用我的肖像權及姓名權去做行銷，這個行為已是違法，已經造成我極大的傷害與困擾。我早在半年前就已通知醫院的律師，後來我也在臉書提出被盜用聲明，另外我也有正式向警方提出刑事案件的報案，目前正由刑事警察局電信偵查大隊轉交台北市警局士林分局偵辦，在此跟您說明請您了解 」。但是，直至 2021 年 8 月 22 號，陳醫師的那個圖片還

是繼續留在那個木鱉果的廣告裡。

　　讀者梁先生在 2021 年 8 月 25 號留言：「看了木鱉果廣告有很多醫生證明，好像有那麼回事，所以在網路上買了一份九百多元採貨到付款。哪知收到貨後，竟是十克的龍眼乾，包裝上甚麼都沒寫，我一看就知道被騙。商家賺了這錢，不會內心不安嗎，非常糟的消費經驗，在台灣還有這樣的商家行騙，大家小心。」

 林教授的科學養生筆記

1. 從 1960 年代巴西蘑菇首次被認為具有抗癌作用，到現在 2021 年，將近 60 年的研究，還是沒有任何臨床證據可以支持巴西蘑菇可以抗癌或治癌的論調

2. 木鱉果目前只有一篇人體臨床試驗論文，發現攝取木鱉果可以增加血漿 β-胡蘿蔔素和視黃醇的濃度，但它並沒有做任何跟眼睛相關的研究。事實上，在全部 116 篇論文裡，沒有任何一篇是跟眼睛有關的研究

3. 木鱉果廣告所聲稱的各種護眼科學功效都無法找到資料來源，為其廣告背書的醫師也是被盜用照片，更有讀者買到的木鱉果是龍眼乾混充

3-2

藥師的假科學真廣告：
乳清蛋白與花青素分析

#視力保健、生長因子、微笑藥師網、山桑子花青素、乾癬

讀者 Andy 在 2018 年 9 月 28 號留言：「教授您好，最近看到以下這一篇文章。因為您教過我們，無論是膠原蛋白還是免疫球蛋白，只要用吃的就一定會完全被胃酸分解，還煩請您解惑，謝謝。」

乳清蛋白治乾癬？就只是推測

讀者提供的是一篇 2017 年 7 月 17 號發表的文章，刊登在「微笑藥師網」，標題是「乾癬的營養治療新趨勢：牛乳清蛋白萃取物」。作者是一位藥師。我看過他的文章十幾篇，全都是假科學之名替保健品做廣告。在他這篇乳清蛋白文章的結尾處有這麼一段話（原文拷貝）：「同時該研究推測，最可能是 XP-828L

牛乳清蛋白萃取物中 TGF-β2 抑制 IL-2 及調整 Treg 細胞，而改善乾癬的狀況，當然我們也不能忽略可能是牛乳清蛋白萃取物中的生長因子、β-乳球蛋白、α-乳清蛋白、乳鐵蛋白的作用。」

　　首先，我請讀者注意這段話開頭裡的「推測」。沒錯，就只是「推測」而已。事實上，研發這項產品的人在他們的論文裡也坦承，他們根本就不知道乳清蛋白的治療機制為何。

　　再來，我們來看他們所推測的這個 TGF-β2 是啥東西。它是一種生長因子。但是，請注意，**生長因子並不是會讓我們生長的因子，而是調控我們許許多多生理功能的因子。所有生長因子都是蛋白質，而我早已寫過，蛋白質一旦進入腸道就會被分解成氨基酸，而不再具有任何功能。只有在新生嬰兒（或幼畜）尚未成熟的小腸，生長因子才不會被分解，才可以進入血液，從而發揮功能**。所以，乳汁裡的 TGF-β2 就只對新生嬰兒有用。補充：在某些特殊的情況下，口服的 TGF-β2 似乎可以在腸道裡產生局部的作用。

　　研發乳清蛋白治療乾癬的論文共有五篇，而它們全都是出自同一團隊（公司），最新的一篇是發表於 2008 年。也就是說，十年來再也沒有新的進展。所以，這項產品目前還是停留在保健品的範疇內。保健品是不需要證明療效，但也不可以聲稱具

有療效。但是，在廠商的廣告中，竟然堂而皇之地聲稱「治療」（treatment）。

我到「美國皮膚病學會」（American Academy of Dermatology）的網站[1]、「國家乾癬病基金會」（National Psoriasis Foundation）的網站[2]，以及其他幾個信譽卓著或規模較大的醫療資訊網站查看，沒有看到任何一個與乳清蛋白相關的資訊。也就是說，乳清蛋白根本就是連被提起的資格都沒有。那，為什麼這位藥師偏偏會說乳清蛋白是治療乾癬的新趨勢呢？我看嘛，真正的新趨勢是，假科學真廣告。

花青素是眼睛血管保護神？資料來源可疑

讀者鍾小姐 2022 年 3 月 12 號留言給我：「老師您好，這幾年對葉黃素的產品是來越多，坐辦公室的同仁們幾乎人手一罐葉黃素，查了相關資料以及老師提到的美國眼睛機構，明白葉黃素主要針對黃斑部病變，而且日常的葉菜類食物即可補充。但是想請問老師，市面上有許多葉黃素產品是有加入花青素的，查到這位藥師的部落格整理了很多文獻，說花青素有助於緩解眼睛疲勞感以及調節眼睛視力。因為每天吃莓果以及紫色蔬菜實在有難度，而且文章最後提到天然山桑子中花青素含量

並不多，以及強調濃縮比例和活性成分，聽起來花青素的好處需要從保健食品著手。不過看了老師許多文章之後，我確實對這種建議人吃保健食品的文章感到心存疑慮，因此請教老師對於花青素的看法，感激不盡！」

這位讀者寄來的文章是一位藥師在 2019 年 7 月 1 號發表的文章，標題是「眼睛血管保護神——花青素」。有關這位藥師，我曾說過他的文章都是假科學之名來行銷保健品，他曾經推過的謬論，如上一段的「乳清蛋白可以治乾癬」和「二型膠原蛋白可以治關節炎」（收錄在《餐桌上的偽科學》151 頁）。

他的這篇文章裡共有三段話是有引用山桑子萃取物的研究論文。可是，這三篇論文都是大有問題。請看下面的分析。

第一、藥師說：「其它早在 1998 年，就有雙機雙盲交叉試驗顯示服用 250 毫克山桑子萃取物（含 36% 花青素），能改善長期使用電腦的眼睛疲勞」這段話所引用的論文來源是「Evaluation of the Oral Administration of Vaccinium Myrtillus Anthocyanosides（VMA）in Mental Fatigue and Asthenopia. Scientific Report Collection 1998, 19, 143-150.」。

首先，請讀者注意這篇論文是在 1998 年發表的。再來，我用這個標題在谷歌和 PubMed 搜索，發現有許多保健品業者

也有引用這篇論文。可是，我花了幾十分鐘的時間，怎麼搜就是搜不到這篇論文的內容。我也用期刊的名字 Scientific Report Collection 搜索，卻也搜不到有這麼一個期刊。也就是說，這篇論文就只有標題和期刊名字，而內容是踏破鐵鞋無覓處。

第二、藥師說：「同年的研究也發現，每天服用 150 毫克山桑子萃取物（含 36% 花青素），持續 8 周，能提升小學生眼睛的調節力，尤其是上學時長時間閱讀及電腦使用下，進而提升視力。其機轉可能與花青素改善眼部微細循環，提供足夠營養有關」。這段話所引用的論文來源是「Recovery effect of VMA intake on visual acuity of pseudomyopia in primary school students. J New Rem & Clin 2000;49:72-79.」

首先，請注意這篇論文是在 2000 年發表的。再來，跟上面一樣，這篇論文就只有標題和期刊名字，而內容是踏破鐵鞋無覓處。不過，我倒是有搜到期刊的全名是 Journal of New Remedies & Clinics。這個期刊是在日本發行的，並沒有被 PubMed 收錄，所以頂多就只是一個地方性的期刊，而且種種跡象顯示它已經停刊。

第三、藥師說：「現代科學臨床研究發現，服用山桑子的確可以改善夜間視力的障礙，主要成因在於山桑子花青素能加速視網膜感光物質 - 視紫質 (Rhodopsin) 的再生能力，促進視覺

敏銳度，所以大大提升夜間視力」。這段話所引用的論文來源是「Study on activity of anthocyanosides exstracted from Vaccinium myrtillus on night vision. Ann. Ocul.（Paris）1965, 556-562.」

首先，這篇論文標題裡的 exstracted 顯然是錯字；應該是 extracted 才對。再來，藥師說「現代科學臨床研究發現」，可是這篇論文卻是在五十七年前發表的，怎麼能叫做現代科學呢？還有，刊載這篇論文的期刊 Ann. Ocul 也一樣是沒有被 PubMed 收錄，而且顯然是早就停刊了，怎麼還值得引用呢？

現代研究：山桑子花青素護眼未被證實

不管如何，如果要說「現代」，2004 年顯然是比 1965 年更現代，所以我們就來看一篇 2004 年發表的論文，標題是「用於夜視的山桑子花青素——安慰劑對照試驗的系統評價」[3]。

這篇論文是發表在影響因子 4.75 的醫學期刊《眼科調查》（Survey of Ophthalmology），結論是：「山桑子花青素改善正常夜視力的假設沒有得到嚴格臨床研究的證據支持。山桑子萃取物對因病理性眼部疾病而遭受夜視力障礙的受試者的影響，完全缺乏嚴格的研究。」所以，我想請問那位藥師，為什麼他要引用三篇不存在、不入流或老掉牙的論文，而不引用這篇可信

度遠遠更高，而且更現代的 2004 年的論文呢？補充：關於其他護眼補充劑（如葉黃素）的分析，收錄於《餐桌上的偽科學 2》98 頁。

後記：這篇文章發表後第六天的 2022 年 3 月 31 號，此文作者的藥師在我的臉書留言。我很感謝和佩服他願意虛心接受的胸懷。他的留言是：「感謝教授的指導，這些年也不斷的從教授的文章與實證精神逐漸修正自己的剖析文獻的角度與資料查詢能力。一開始接觸實證也是為了判斷保健食品成分的可能性與廠商資料的真偽，進而想辦法將成分定位，用於協助民眾解說。當然，從科學嚴謹角度來看，許多保健食品的實證都偏薄弱，再加上授證多年的文章，也讓自己愈懂得剖析資料。微笑會再努力加油，感謝教授的指導。」

 林教授的科學養生筆記

1. 研發乳清蛋白治療乾癬的論文共有五篇，全都是出自同一團隊，而且 2008 年以來再也沒有新的進展。所以，這項產品目前還是停留在保健品（無療效實證）的範疇內

2. 醫學期刊《眼科調查》2004 年實驗結論：山桑子花青素改善正常夜視力的假設沒有得到嚴格臨床研究的證據支持

魚油補充劑，最新科學證據

＃憂鬱症、EPA、DHA、考科藍

　　讀者 Msjay 在 2021 年 11 月 22 號來信詢問：「教授您好，看到這兩篇報導，分別是藥師和科學家都提到了魚油可以輔助治療憂鬱症，不知道您怎麼看。因為本身久病多年很厭世，但高濃度魚油又很貴，不知道該不該嘗試，若可以的話想知道這些研究的內容，謝謝您的回答。」

魚油補充劑能對抗憂鬱症？缺乏證據

　　這位讀者寄來的分別是這兩篇文章，一、2021 年 7 月 19 號發表在 Yahoo 的文章，標題是「研究發現：魚油有助改善憂鬱症，Omega-3 怎麼吃？」，第二篇是 2021 年 11 月 19 號發表在 Heho 的文章，標題是「憂鬱症來敲門！情緒卡卡怎麼辦？藥師：用高濃度 EPA 魚油來解憂吧」。

發表在 Yahoo 的那篇文章是由《常春月刊》轉載自《NOW
月刊》，內容重點是：「近來一項新研究發現，魚油可能也有助
於對抗憂鬱症，研究結果發表在《分子精神病學》（Molecular
Psychiatry）上。這項新研究的參與者包含 22 名重度憂鬱症患者。
讓他們每天服用一次 EPA（二十碳五烯酸）或 DHA（二十二碳
六烯酸）其中一種，並持續 12 周，EPA 和 DHA 是含在深海魚
類中的 Omega-3。在參與者治療前和治療之後，以血液檢測並評
估其憂鬱症狀。服用 Omega-3 進行治療憂鬱症有顯著的改善，
服用 EPA 組的症狀平均下降 64%，服用 DHA 組的症狀平均下
降 71%。」

這段話裡所講的研究是 2021 年 6 月 16 號發表的論文，標
題是「Omega-3 多不飽和脂肪酸通過產生 LOX 和 CYP450 脂質
介質來預防炎症：與重度憂鬱症和人類海馬神經發生的相關性」
[1]。這項研究主要是用培養的細胞來探討 EPA 和 DHA 對一些憂
鬱症相關化學分子的影響，雖然也有一些憂鬱症患者的數據，
但這些人的數據在分量上是遠遠比不上細胞的數據（我估計大
約是十分之一）。可是，那篇 Yahoo 文章（也是常春月刊文章，
也是 NOW 月刊文章）卻只提人的數據，而隻字不提細胞的數
據。這就會讓人誤以為這項研究是人體試驗，儘管它並沒有被
歸類為臨床研究。

　　事實上，有關人的數據，也還是疑點重重。第一，雖然 Yahoo 文章裡一再引用英國倫敦國王學院的兩位研究人員（Alessandra Borsini 和 Carmen Pariante），但那 22 名重度憂鬱症患者卻是來自台灣（中國醫藥大學附設醫院）。第二，這 22 名患者都只服用 EPA 或 DHA，所以這項研究是欠缺具有關鍵性的安慰劑對照組。第三，試驗結果，也就是「服用 EPA 組的症狀平均下降 64%，服用 DHA 組的症狀平均下降 71%」，是與既有證據不符，請參考這篇文章，標題是「補充 omega-3 長鏈多不飽和脂肪酸對憂鬱症似乎有療效是因為 EPA 而不是 DHA：來自隨機對照試驗薈萃分析的證據」[2]。

　　那篇發表在 Heho 的文章的第一段是：「依據世界衛生組織統計，全球共有超過 3.5 億人罹患憂鬱症。憂鬱症是疾病引發失能的第一名，衍伸出許多社會經濟負擔，其嚴重性需要高度重視。眾多研究發現，多攝取魚油 Omega-3 脂肪酸有助於排解憂鬱，尤其是有高 EPA 比例的魚油，但目前市售許多不同種類的魚油，究竟要怎麼挑選？營養師、藥師都點出：『rTG 型態高濃度魚油 EPA 達 80%』是挑選的關鍵。」從這段話就可以理解，為什麼文章的最下面會有一位藥師兼 XX 生醫創辦人的「高濃度 EPA 魚油」的廣告。

　　不管如何，也算是巧合，讀者 Msjay 來函詢問的兩天後就有

一篇高質量的回顧論文發表。這篇論文的標題是「Omega-3 脂肪酸之用於成人憂鬱症」[3]，是發表在信譽卓著的「考科藍數據庫系統評價」（Cochrane Database Systematic Review）。考科藍是獨立、非營利、非政府組織，由超過 3.7 萬名志願者組成，目的是根據實證醫學來提供醫護專業人員、病人、醫療政策制訂者等人需要的資訊，以便於在醫療上的選擇。

　　這篇論文是由七位來自十所英國醫學中心和機構的專家所撰寫。他們在審核了所有 35 項相關隨機臨床試驗後，得到的結論是：「目前，我們沒有足夠的高確定性證據來決定 Omega-3 作為重度憂鬱症治療的效果。我們的主要分析可能表明，與安慰劑相比，Omega-3 對憂鬱症狀的影響有小至中等，非臨床有益的效果；然而，估計是不精確的，我們判斷該結果所依據的證據的確定性從低到非常低。我們的數據也可能表明 Omega-3 和安慰劑組的不良事件和試驗未完成率相似，但我們的估計再次非常不準確。與抗憂鬱藥相比，Omega-3 的作用非常不精確和不確定。需要更完整的證據來證明 Omega-3 對重度憂鬱症的潛在正面和負面影響。」

　　從這個結論就可看出，「魚油能對抗憂鬱症」目前還缺乏確切的證據。所以，患者應該是要去看精神科醫師，而不是聽信所謂的健康網站的行銷，以為買些昂貴的高濃度 EPA 魚油來

吃，病就會好。補充說明：**來自食物的 Omega-3 是對健康是有益的，但來自藥罐的 Omega-3 則是一直具有爭議性**，請複習《餐桌上的偽科學》142 頁。

魚油補充劑對抗其他疾病也受挫

上一段文章，我主要引用一篇刊登於信譽卓著的考科藍數據庫系統評估的報告，指出有關魚油可以改善憂鬱症的報導缺乏可靠的科學證據。六天後的 2021 年 12 月 21 號，又有一篇相關的論文發表在《美國醫學會期刊》（JAMA），標題是「長期補充海洋 Omega-3 脂肪酸與安慰劑對憂鬱風險或臨床相關憂鬱症狀以及情緒變化評分的影響」[4]。

這項研究共招募了 18,353 名沒有憂鬱症，平均年齡 67.5 歲的志願者，其中男性約佔 51%。他們被隨機分配成兩組，一組（共 9171 人）吃魚油，另一組（共 9182 人）吃安慰劑。吃魚油的那一組是每人每天吃 1 克含有 465 毫克 EPA 和 375 毫克 DHA 的魚油。如此服用魚油或安慰劑的期間是長達平均 5.3 年。

結果是，吃魚油的那一組共出現了 651 次憂鬱症事件，吃安慰劑的那一組則共出現了 583 次憂鬱症事件。這樣的差別是表示，吃魚油的那一組發生憂鬱症的風險是高過吃安慰劑的那

一組約 13%。至於跟憂鬱症相關的另一項風險，也就是情緒變化，在這兩組之間並沒有顯示出有顯著的差別。

這項研究同時也檢測了其他幾項疾病風險，包括心血管事件、全因性死亡率、自殺、胃腸出血、容易瘀傷、胃部不適或疼痛，而結果是，這些風險在這兩組之間都沒有顯示出有顯著的差別。所以，這篇論文的最後結論是：不支持在成人中使用 omega-3 補充劑來預防憂鬱症。

事實上不只是憂鬱症，很多其他疾病，尤其是心血管疾病，現在也都已經被較大型及較嚴謹的研究顯示出是無法用魚油補充劑來預防或治療的。但是，請注意，這裡所說的魚油是來自補充劑的，而非來自食物。所以，來自食物（主要是鮭魚）的魚油仍然是對健康有益的。

為何天然食物有益，但補充劑有害？

最後，關於營養補充劑和天然食物的區別，補充一段我回答過的讀者提問。讀者 William Marcus 在 2018 年 10 月 4 號來信：想請問教授寫過的「就對健康的好處而言，來自餐盤的 Omega-3 是充滿活力，而來自藥罐的 Omega-3 則是瀕臨死亡」。以化學物質的角度，平平是 omega-3，真的有辦法區分出是來自食物料

理，還是藥罐嗎？

　　我的回答是：來自藥罐的 Omega-3 叫做補充劑，而來自餐盤的 Omega-3 叫做微營養素。補充劑是大劑量的單一營養素，而微營養素則是與許許多多其他營養素混在一起的微量營養素。我們的身體能有效地吸收和利用微營養素，但卻無法有效地吸收和利用補充劑。我已經在我的個人網站「科學的養生保健」發表數百篇有關補充劑（維他命、礦物質以及其他五花八門的元素）的文章，一再舉證它們非但無效，反而有害。

 林教授的科學養生筆記

1. 「魚油能對抗憂鬱症」目前還缺乏確切的證據。憂鬱症患者應該去看精神科醫師，而不是聽信所謂的健康網站的行銷買昂貴的高濃度 EPA 魚油來吃

2. 補充劑是大劑量的單一營養素，而微營養素則是與許許多多其他營養素混在一起的微量營養素。我們的身體能有效地吸收和利用微營養素，但卻無法有效地吸收和利用補充劑

補充睪固酮與 DHEA 的風險須知

＃攝護腺癌、睪固酮補充療法、脫氫表雄酮、男性荷爾蒙、地瓜

　　讀者李先生在 2020 年 10 月 22 號來訊詢問，節錄如下：《診療間裡的偽醫學》一書中提到「男性服用睪固酮會導致攝護腺癌，是個謊言……這個謊言的支持者是 1940 年代的 Charles B・Huggins 醫學博士，他只基於非常有限的研究，甚至只基於一個人接受過荷爾蒙療法的病人的研究，就認為睪固酮恐提高攝護腺癌的風險」請問教授，對於補充睪固酮是否會增加攝護腺癌的看法。因為我也想請醫師幫我補充睪固酮，但又擔心上述風險，還請教授釋疑，感恩不盡。

補充睪固酮，有增加攝護腺癌的風險

　　讀者提到的《診療間裡的偽醫學》是一本 2020 年 8 月在台灣發行的書，作者是肯恩・D・貝里（Ken D. Berry MD），中

文版的副標是「5 分鐘破解醫學謊言，有效避開要命的隱形危機」。我看了博客來提供的內容簡介和推薦評語，不禁搖頭嘆息：「做賊的喊捉賊，說謊的叫打謊」。

　　這本書的英文原書名是「我的醫生告訴我的謊言：會傷害你健康的醫學迷思」（LIES MY DOCTOR TOLD ME: Medical Myths That Can Harm Your Health）。我在 Google Books 的網頁瀏覽了一下部分內容，在第二十一頁看到這麼說，翻譯如下：「這本書不是醫學忠告。你一定不要根據你從這本書看到的資訊而啟動、停止或改變任何醫藥」。我想，這應該是這本書裡最誠實，也是重要的內容。如果作者是真心為大家的健康著想，那他就應該把這些話印在封面上。

　　有關睪固酮和攝護腺癌之間的關係，雖然一開始難免是「只基於非常有限的研究」，但經過將近八十年的研究，目前的論文數目已高達三萬多篇。所以，現在還在說「只基於非常有限的研究」，實在是居心巨測。至於這本書所聲稱的「睪固酮補充療法和攝護腺癌風險增加沒有關聯性」和「睪固酮補充對於治療攝護腺癌有益」，就更是拿男人的性命開玩笑。

　　讀者李先生在四天後寄來三頁這本書的內頁拍照，裡面有幾行他做了記號的重點，例如：「如果體內睪固酮高是攝護腺

癌的風險因子，高中男生的睪固酮那麼多。應該常死於攝護腺癌。你去回想念高中的日子，有多少同學得了攝護腺癌？是不是？沒有半個！……攝護腺癌病患都是睪固酮低的老年人……如果醫生還在想這個謊言，你光憑簡單的常識，就足以對他發出嚴重的質疑。」

我看了這段話，實在無法相信一個受過醫學訓練的人竟然會做出如此荒唐無稽的邏輯推理。要知道，癌細胞的形成是由於基因突變，而基因突變的機率是隨著年紀而升高，所以高中生之所以很少罹患攝護腺癌，最主要是因為他們的基因還不常突變。而既然沒有癌細胞的形成，睪固酮當然也就不會引發攝護腺癌（何況高中生體內的睪固酮並非是從外面補充的）。反過來說，年紀大的人有較高的機率會有癌細胞的形成，而這個時候如果補充睪固酮，就會使原本緩慢生長的攝護腺癌快速增長。

何謂「睪固酮補充療法」

但很不幸的是，這位醫生的荒唐邏輯很顯然是打動了讀者李先生。而如果有人被這位醫生蠱惑而貿然去做「睪固酮補充療法」，那就更是悲劇。不管如何，我先解釋一下什麼是「睪固酮補充療法」（Testosterone Replacement Therapy），而此一術語

在台灣醫學界翻譯成「睪固酮替代療法」。不過,「替代」其實是錯誤的翻譯,因為 Replacement 在這裡的意思是「補回去」,也就是把失去的部分補回去。所以,把 Testosterone Replacement Therapy 翻譯成「睪固酮補充療法」會比較符合此一療法的真諦。不過,由於 Replacement 的確是有「替代」的意思,所以已經有專家建議把這個字去掉,就直截了當地說「睪固酮療法」(Testosterone Therapy),既簡單又不會造成誤會。

那,既然是「補充」,當然也就是在不足的情況下才需要施行。也就是說,**睪固酮補充療法只適用於「睪固酮不足的人」。還有,由於有大量的證據顯示睪固酮會促進攝護腺癌細胞的生長,所以施行睪固酮補充療法的另一個要件就是「患者沒有攝護腺癌的風險」。**

有關補充睪固酮到底有什麼好處,我們來看一篇 2020 年 11 月發表的綜述論文,標題是「T 試驗的反思」[1]。補充說明:T 是睪固酮(Testosterone)的縮寫。這篇論文共分析了七項臨床試驗的結果,而被分析的病患對象必須符合四個條件:一、65 歲以上。二、確定是低性腺功能。三、沒有可察覺的攝護腺癌高風險。四、沒有近期發生的心腦血管事端。

分析所得的結論是:睪固酮補充療法能增進性功能、活力

和骨密度，也能改善貧血，但不能提升認知功能，也可能會不利於心血管功能。所以，有意要嘗試睪固酮補充療法的人，最好是能把這些臨床試驗的結論列入考量。

有鑑於近年來有越來越多的醫生給病患施行睪固酮補充療法，男科專家和醫學會紛紛發表論文提出警告或提供指導。由於論文數量龐大，我就只會把 2020 年發表的兩篇和 2019 年發表的四篇列舉在這篇文章的附錄最後供讀者參考[2]。下面是這幾篇論文的共同結論：

1. 只有符合睪固酮缺乏症標準的男性才能接受睪固酮補充療法。

2. 只有經過篩選確定沒有攝護腺癌風險的男性才能接受睪固酮補充療法。

3. 接受睪固酮補充療法的男性需要接受仔細的實驗室監控以避免攝護腺癌的形成。

從這三點結論就可以很清楚地看出，那本《診療間裡的偽醫學》所聲稱的「睪固酮補充療法和攝護腺癌風險增加沒有關聯性」和「睪固酮補充對於治療攝護腺癌有益」，不但是一派胡言，而且是在拿男人的性命當兒戲。

DHEA 補充劑，只有弊沒有利

　　讀者 Alfred Wang 在 2021 年 5 月 6 號，在前一篇睪固酮療法文章下留言回應：「林教授您好，DHEA 這款補充劑已經存在市場上許久，有不少人相信並選擇它當賀爾蒙補充劑。據我所知 DHEA 是賀爾蒙前驅物，不管在男性或女性體內它都有可能轉成男性或女性賀爾蒙，也就是說，一般人無法因缺乏哪一種賀爾蒙就服用 DHEA 而絕對達到可補充哪一種賀爾蒙的程度，還需另外再藥物配合，但那也不是一般人無處方箋就能取得的藥物。如果這補充劑真這麼好用，我想醫生及各大醫院應早已採用它作為性賀爾蒙主要補充手段之一。但我畢竟不是醫學方面專業人才，這樣的猜想是否正確也不清楚。不知林教授可否談談 DHEA 這款補充劑的利弊及相關知識，謝謝。」

　　我的上一篇文章主要在批評一位名叫肯恩・貝里的醫生在書中鼓吹補充睪固酮（男性荷爾蒙）。可是，已經有大量的醫學文獻確認補充男性荷爾蒙的危險性，尤其是它會增加攝護腺癌的風險。有關 DHEA，其實我在個人網站「科學的養生保健」成立 5 個月後就發表了三篇文章討論過。它是「脫氫表雄酮」（Dehydroepiandrosterone）的縮寫，而這個物質是人體自然產生

的一個荷爾蒙前驅物，會進一步轉化成男性或女性荷爾蒙。由於 DHEA 的產生會隨著年紀的增長而逐漸降低，所以保健品業者就鼓吹要補充 DHEA。這就是為什麼讀者 Alfred Wang 會希望我能討論 DHEA 補充劑的利弊。

我是在 2016 年 8 月 21 號發表文章，首次提起 DHEA（脫氫表雄酮），因為一大堆營養師、自然療師和養生專家經常吹噓，說地瓜是抗癌第一名，而他們的理由往往說是根據一則網路傳言，內容是這樣的：「紅薯是超級抗癌食物。這主要歸功於紅薯含有的一種特殊成分：脫氫表雄酮。美國科學家的研究發現，這種成分對於預防乳腺癌和結腸癌尤其有效。」

接著，我又在兩天後發表文章，指出地瓜抗癌的論調是三條烏龍的大匯集。這三條烏龍是：一、把「山藥」誤會成「地瓜」。二、把「薯蕷皂素」誤會成「脫氫表雄酮」。三、把「致癌」誤會成「抗癌」。有一大堆營養師、自然療師和養生專家經常吹噓，說地瓜是抗癌第一名，而他們的理由是地瓜含有具有抗癌功效的 DHEA。但事實上，植物根本就不含 DHEA，而補充 DHEA 不但不會抗癌，反而還會致癌。補充：關於地瓜抗癌的謠言追查，有興趣的讀者可以去我的網站搜尋「地瓜」或是複習《餐桌上的偽科學》180 頁。

有關 DHEA 的不良副作用，我也引用了權威的梅友診所：「女性的症狀包括，油性皮膚、體毛增生、聲音低沉、月經不調、乳房縮小、生殖器增大。男性的症狀包括，乳房脹痛、尿急、攻擊性、睪丸縮小。男女共有的症狀包括痤瘡、睡眠問題、頭痛、噁心、皮膚瘙癢、情緒變化。DHEA 也可能影響其它荷爾蒙、胰島素和膽固醇的量。DHEA 可能增加攝護腺癌、乳腺癌和卵巢癌的風險。」

事實上，梅友診所網站中說明 DHEA 的網頁，已經在 2021 年 2 月 12 號更新，還特地加了一個十字路口的紅燈標誌，叫大家要避開（Avoid）補充 DHEA[3]。所以，儘管讀者 Alfred Wang 希望我能討論 DHEA 補充劑的利弊，但很抱歉，我只能找到「弊」，而找不到「利」的確切科學證據。

Our take

Avoid

While some research suggests that DHEA might be slightly helpful in treating depression and vaginal atrophy, there's little evidence to support anti-aging claims. Also, DHEA use can cause serious side effects. Avoid using this supplement.

信譽卓著的梅友診所特別警告大眾避開補充 DHEA

林教授的科學養生筆記

1. 睪固酮補充療法只適用於「睪固酮不足的人」。而且，已經有大量的醫學文獻確認補充男性荷爾蒙的危險性，尤其是它會增加攝護腺癌的風險

2. DHEA 是人體自然產生的荷爾蒙前驅物，會進一步轉化成男性或女性荷爾蒙。由於 DHEA 的產生會隨著年紀的增長而逐漸降低，所以保健品業者就鼓吹要補充 DHEA。但是，補充 DHEA 不但不會抗癌，反而還會致癌

3. 「地瓜抗癌」是三條烏龍的大匯集。1.把山藥誤會成地瓜 2.把「薯蕷皂素」誤會成「脫氫表雄酮」3.把「致癌」誤會成「抗癌」。結論：植物根本就不含 DHEA。而且如前所述，補充 DHEA 也不會抗癌，反而還會致癌

阿拉伯糖和寡醣對身體有益？科學調查

#蔗糖酶、代糖、糖尿病、寡醣、益菌元

　　讀者 Chung Wen 在 2019 年 7 月 17 號來訊詢問：「林教授您好，我想請教有關阿拉伯糖是否對二型糖尿病者有幫助，謝謝。」

阿拉伯糖對糖尿病患有幫助？尚無證據

　　阿拉伯糖（Arabinose）的名稱來由，是因為其最早是在阿拉伯樹膠中被發現的。阿拉伯糖雖然是廣泛存在於各種植物中的一種單醣，但大多數情況下是與其他單醣結合，因為其很少以單獨游離的形態存在，所以要從植物中萃取出阿拉伯糖，就不是一件容易的事。我幾天前到「蝦皮購物」查看，看到一公斤阿拉伯糖標價是二千四百塊台幣，而砂糖則大約二十塊。順帶一提，最常被用來萃取阿拉伯糖的植物原材是玉米芯以及甜

菜。

　　阿拉伯糖的甜度大約是蔗糖的一半，但甜度的高低並不重要，因為阿拉伯糖並非是要用來取代蔗糖。也就是說，阿拉伯糖並非是一種代糖（關於代糖的利害分析，可以複習《餐桌上的偽科學》49 頁和《餐桌上的偽科學 2》38 頁）。事實上，阿拉伯糖最常被吹捧的功效是「抑制蔗糖酶」。

　　蔗糖酶是小腸分泌的一種酵素，其作用是將蔗糖分解成葡萄糖和果糖。所以，如果能將蔗糖酶抑制，就能防止或降低攝食蔗糖後的血糖上升。在 1996 年一個日本團隊發表一項研究，標題是「L- 阿拉伯糖以非競爭性的方式選擇性抑制腸道蔗糖酶並抑制動物攝入蔗糖後的血糖反應」[1]。這項研究是用老鼠做實驗，首次顯示阿拉伯糖具有抑制蔗糖酶的功效。

　　後來，在 2011 年，又有另一個日本團隊及一個丹麥團隊相繼發表論文，顯示阿拉伯糖在人體也具有抑制蔗糖酶的功效，這兩篇文章分別是日本團隊的「決定 EIS 複合物的短暫時期和研究 L- 阿拉伯糖對健康成人血糖水平的抑製作用」[2] 和丹麥團隊的「L- 阿拉伯糖對腸道蔗糖酶活性的影響：體外和人體的劑量反應研究」[3]。

　　所以，阿拉伯糖的生產商就宣稱，只要在食物裡添加阿拉伯糖，就能放心享受甜食。例如，在一篇 2015 年發表的廣告性

新聞報導，標題是「嗜甜有理！你一定要知道的 L- 阿拉伯糖」，就有這麼一句話：「只要將百分之四或五比例的 L- 阿拉伯糖混合蔗糖，就可抑制百分之八十、九十的糖分吸收量，讓你身體無負擔的享受糖的美味而非熱量！」

可是，事實上，同樣是在 2015 年，上面提到的那個丹麥團隊卻「很勇敢地」發表了一篇可以說是自我打臉的論文。這篇論文的標題是「添加了 L- 阿拉伯糖的混合飲食不會改變健康受試者的血糖或胰島素反應」[4]。從這個標題就可以清楚地看出，在食物中添加阿拉伯糖並不會阻止血糖的上升。當然，這篇論文是絕無可能會出現在廠商的宣傳單裡。所以，直到現在，所有在網路上出現的資訊都是說阿拉伯糖能降低血糖，而這也就是為什麼讀者 Chung Wen 會問我，阿拉伯糖是否對二型糖尿病者有幫助。

我到美國糖尿病協會的網站用 Arabinose 搜索，竟然搜到零資訊。事實上，阿拉伯糖這東西，可以說是「日本之光」、「中國之光」或「台灣之光」，因為，這三個地區可以說是阿拉伯糖最主要的推手，其他地區（例如美國）可以說是無人問津。你如果用 Arabinose 在網路上搜索，看到的肯定就只是一些零星的資訊。也就是說，「老外」不吃這一套。那，既然像美國這樣的科研大國對阿拉伯糖沒興趣，當然就很難會有像樣的研究結果

出現。至少，到目前為止，還沒有任何一個用糖尿病患做為調查對象的研究報告出現。所以，對於讀者 Chung Wen 的提問，我也就只能回答「尚無證據」。

寡醣，額外補充有益嗎？

讀者 Abel 在 2019 年 9 月 18 號於上一篇阿拉伯糖文章下方提問：「請問教授，常常看到飲料註明添加寡糖，一些廣告也強調寡糖可以幫助消化、維持腸道菌群平衡之類的，這是事實嗎？好像很多蔬果裡面就有寡糖了，額外補充會對身體更有幫助嗎？」

我先解釋一下「寡糖」是什麼。寡糖是翻譯自 oligosaccharide，而 oligo 的意思是「少」或「寡」，saccharide 則是「醣」（sugar 才是「糖」）。所以，oligosaccharide 的翻譯應當是「寡醣」比較正確。醣類可以依組成分子（單醣）的多寡而分為單醣、雙醣、寡醣及多醣。單醣如：葡萄糖、果糖。雙醣如：蔗糖、麥芽糖。多醣（大於 10 個單醣分子），如：澱粉、纖維素。寡醣則是介於雙醣及多醣之間的醣類。也就是說，寡醣是由三到十個單醣分子所組成的醣類。寡醣的種類繁多，較常見的是：果寡醣、

麥芽寡醣、異麥芽寡醣、半乳糖寡醣及大豆寡醣。

　　絕大多數的寡醣是無法在胃腸被分解（唯一的例外是麥芽三糖）。所以，它們會進入大腸，成為微生物（例如所謂的益生菌）的食物。也就是說，寡醣是具有所謂的「益菌元」的功效，而更進一步地說，寡醣是具有所謂的「益生菌」的功效。

　　有關「益菌元」及「益生菌」功效的真真假假，我已經發表了十多篇文章，讀者可以搜尋我的個人網站或是複習前作《餐桌上的偽科學》。至於讀者 Abel 所說的「很多蔬果裡面就有寡醣了」，我請讀者先看一篇台北市立關渡醫院營養師發表的文章，標題是「寡糖在健康上所扮演的角色」。她說：「自然界中僅有少數幾種植物含有天然的功能性寡糖」。所以，讀者 Abel是不是錯了？

　　我再請讀者看一篇 2016 年發表的綜述論文，標題是「寡糖：大自然的福音」[5]。我想，這個標題已經夠明顯地表達了大自然含有很多寡糖。再不然，我們就來看文章第三頁裡的這句話：「果寡醣是大量存在於大自然」。所以，讀者 Abel 很顯然是正確的。那，為什麼關渡醫院的營養師會說「自然界中僅有少數⋯⋯寡糖」？我想，可能是她希望大家補充寡糖吧。要不，她怎麼又會在文章結尾說：「建議可自行選擇純度較高的寡醣，添加於牛奶、果汁及夏日冰品中」？

　　那，補充寡醣真的是有益健康嗎？我請讀者先看一篇重量級的文章，標題是「根據第 1924/2006 號法規（EC）第 14 條，對與『不可消化的寡糖和多醣（包括低聚半乳糖、低聚果糖、多聚果糖和菊粉）』和『增加鈣吸收』有關的健康主張的科學意見」[6]。這篇文章的作者是「歐洲食品安全局」（European Food Safety Authority），也就是歐盟的 FDA，但只負責管控食品安全。

　　這篇文章的結論是：專家小組得出結論，在「非消化性低聚醣和半乳糖，包括低聚半乳糖、低聚果糖、聚果糖和菊粉」的食用與有益的生理效應之間無法建立因果關係。也就是說，歐盟的食品專家小組不認為補充寡醣會對健康有益。但是，由於這篇文章是 2014 年發表的，所以有必要再給讀者看一些較近期的研究，分別是：

　　一、2017 年的論文[7]，結論是：十二週補充特定的寡醣有選擇地增加了糞便雙歧桿菌物種的豐度，但這並未對超重或肥胖的糖尿病前期男性和女性的胰島素敏感性或相關底物和能量代謝產生顯著變化。

　　二、2019 年論文結論[8]：這項研究表明，特定的寡醣補充劑能夠在易患關節炎的小鼠中促進被認為有益的腸道菌群並改善骨礦物質密度，但卻不會改善炎症。

　　三、2019 年論文結論[9]：從出生之日起補充特定的寡醣可以

減少焦慮症，並改善發育階段和生命後期的社交行為，並調節健康雄性小鼠腸道菌群的組成和活性。

　　四、2019 年論文結論[10]：這項研究表明，小鼠在斷奶後給予特定的寡醣可以改變腸道菌群的組成，從而減輕慢性炎症。

　　從這四篇論文我們可以看出，補充特定的寡醣對實驗老鼠可能有益，也可能無益，但對人則無益。

 林教授的科學養生筆記

1. 目前還沒有用糖尿病患做為調查對象的研究報告出現。所以阿拉伯糖對糖尿病患有幫助？答案是「尚無證據」

2. 根據近年的四篇論文，補充特定的寡醣對實驗老鼠可能有益，也可能無益，但對人則無益。

3-6

碧容健和野山參幹細胞，回春有用？

\# Pycnogenol、碧容健、碧蘿芷、松樹皮萃取物、植物幹細胞

　　讀者 Peter 在 2021 年 9 月 11 號來信：「林教授好，長期關注您的文章，受益良多。近來無意間知道碧蘿芷這產品，有部分網站表示它具有抗氧化成分，能增加肌膚彈性、光滑，延緩肌膚老化，甚至可刺激膠原蛋白生成，並做成可食用營養補充品。想請問該物實際效用，期待教授撥冗解惑。」

碧容健（松樹皮萃取物）效用為何？

　　看到這個電郵，心裡又再度感到過意不去，因為之前已經有幾位讀者來詢問過我對於碧容健／碧蘿芷（Pycnogenol）的看法，例如讀者 Lydia、讀者 Kyle 和讀者 Yuan。而我之所以遲遲沒有回覆，是因為過去這幾個月來有很多讀者詢問較急迫新冠疫情和疫苗資訊，所以我就暫時把碧容健的提問放在一旁。不

過，現在總算比較有空了，所以今天我就來做個總回覆。

碧容健是一家叫做「賀發研究公司」（Horphag Research）的瑞士公司的註冊商標，代表的是一種松樹皮的萃取物。這種松樹（學名 Pinus pinaster）是人工種植在法國西南部大西洋海岸「加斯科涅地區」的森林農場（Les Landes De Gascogne）。這個農場佔地約一萬平方公里（約三分之一個台灣大），而九成地區是用來種植這種搖錢樹。

當你第一次進入這家公司的網站時，就會看到一段自動跳出來的警語。我把它翻譯如下：「本網站可從許多地理位置訪問，它提供的有關碧容健的信息不適用於也不旨在滿足所有國家／地區的要求。賀發研究公司將碧容健作為原材料供應給生產各種含碧容健產品的公司。賀發研究公司不對這些成品的使用做出任何聲明，每個製造商都有責任確保對其產品的聲明和使用符合其產品銷售地點的監管要求。」

從這段警語就可看出，該公司只是販售此一萃取物給世界各地的保健品製造商，然後這些製造商再將此一萃取物製作成各自品牌的保健品。也就是說，不同品牌的碧容健保健品會含有不同量的碧容健以及其他各種五花八門的成分。根據這個網站所說，目前全世界有一千多種保健品含有碧容健，那在這種情況下，我們怎麼有可能一個個地去驗證這些保健品所聲稱的

功效呢？

碧容健有兩個最常見的中文翻譯。就如我提到的那四個讀者，其中有一個問的是碧容健，而另外三個問的則是碧蘿芷。關於這兩個名稱的混淆，網路上有人在取笑別人傻傻搞不清，但是事實上這些人自己也是傻傻搞不清。不管如何，根據官網，Pycnogenol 是翻譯成「碧容健」，而這個名稱也是該公司的註冊商標。

至於「碧蘿芷」實際上是北京一家名叫「倍和陽光科技發展有限公司」的註冊商標，而它所要保護的產品就是用碧容健做出來的保健品和保養品。這家公司曾控告過別家公司侵權使用這個註冊商標，並且獲得勝訴。也就是說，市面上絕大多數的碧蘿芷產品都有侵害商標權的嫌疑。

碧容健研究報告，療效證據不佳

不管如何，有關碧容健的功效，為了節省篇幅我就只引用一篇 2020 年 9 月 29 號發表的回顧性論文。這篇論文是發表在信譽卓著的「考科藍數據庫系統評價」，而標題是「用於治療慢性疾病的松樹皮（Pinus spp.）萃取物」[1]。

這篇論文共分析了二十七項隨機對照臨床試驗（共 1641 名

參與者），目的是要評估松樹皮萃取物補充劑對十種慢性疾病的影響。這十種疾病是：哮喘（兩項研究；86 名參與者）、注意缺陷多動症（一項研究；61 名參與者）、心血管疾病和危險因素（七項研究；338 名參與者）、慢性靜脈功能不全（兩項研究；60 名參與者）、糖尿病（六項研究；339 名參與者）、勃起功能障礙（三項研究；277 名參與者）、女性性功能障礙（一項研究；83 名參與者）、關節炎（三項研究；293 名參與者）、骨質減少（一項研究；44 名參與者）、創傷性腦損傷（一項研究；60 名參與者）。

作者的結論是：樣本量小、每種疾病的隨機對照臨床試驗數量有限、結果測量的差異以及納入的隨機對照臨床試驗報告不佳，意味著無法得出關於松樹皮萃取物補充劑的有效性或安全性的明確結論。除了樣本量小以及質量不佳之外，很多聲稱碧容健功效的研究是由賀發研究公司公司資助的。所以，這些聲稱是不可以一廂情願完全相信的。

野山參幹細胞天然逆齡？沒有證據支持

讀者 Mr. Chan 在 2021 年 6 月 29 號詢問，摘錄如下：您好林教授。從您書籍中得知「沒有任何正規的幹細胞治療是用

吃的。細胞一旦被吃進肚子，就會被消化分解，不會有任何功能。此一產品是百分之百騙人的」。近來，在香港出現此產品「天基元逆齡膠囊」，其宣稱「所含獨特配方 Totigen-AG，成分中的野山參幹細胞，破壁粉是採用植物幹細胞專利技術。分離自然狀態野山參組織中微量的幹細胞，培養得到蘊含野山參生命源泉和基礎的野山參幹細胞，經低溫冷凍乾燥和破壁技術製備而成，是野山參有效成分和生命力的精髓。未經提取人參皂苷含量即高達 6%。」想請是否可以做到呢？謝謝解答。

　　首先，有關這位讀者所說的「從您書籍中得知沒有任何正規的幹細胞治療是用吃的。細胞一旦被吃進肚子，就會被消化分解，不會有任何功能。此一產品是百分之百騙人的」，這段是收錄在 2021 年出版的前作《偽科學檢驗站》中的文章，標題叫做「鹿胎盤幹細胞的直銷大騙局」。

　　再來，目前用來治療人類疾病的幹細胞，全都是分離自動物（包括人），而相關研究是多不勝數（光是英文的就有將近五十萬篇論文）。至於所謂的「植物幹細胞」，相關研究則是少之又少（大概是幾十篇論文吧）。

植物幹細胞目前只用於化妝保養品，且有爭議

幹細胞具有再生和分化的能力，所以可以透過注射或移植被用來修補老化或受傷的器官（口服是毫無用處）。但很顯然，我們不可能希望身體會長出一棵樹或一叢草，所以，就我所看過的資料，與醫學相關的「植物幹細胞」論文，全都是在討論如何將植物幹細胞應用於皮膚保養品的製作。例如這兩篇：

一、2017 年論文，標題是「植物幹細胞之用於化妝品：當前趨勢和未來方向」[2]。文摘：植物幹細胞是一個新興領域，重點是在開發新的化妝品和研究這些提取物／植物激素將如何影響動物皮膚。本文的重點是關注目前基於植物幹細胞的化妝品的循證趨勢，並闡明我們需要克服的挑戰，以便使源自植物幹細胞的外用化妝品能對人類皮膚發生有意義的變化。

二、2018 年論文，標題是「植物幹細胞提取物的抗衰老特性」[3]。文摘：植物幹細胞顯示出卓越的抗衰老特性，因為它們可以刺激纖維細胞合成膠原蛋白，進而刺激皮膚再生。 植物幹細胞提取物裡具有抗衰老特性的最重要成分是激動素（6- 糠基腺嘌呤）。 該化合物屬於細胞因子組，被認為是一種強抗氧化劑，可保護蛋白質和核酸免受氧化和糖氧化過程的影響。

從這兩篇論文的標題和文摘就可看出，植物幹細胞是用來做為化妝品的成分。而這兩篇論文的內容也有提到，植物幹細胞是分離自許多種類的植物，然後用細胞培養的方法來增加它們的數量。等數量達到目標後，這些細胞就被用來萃取對皮膚有益的成分。

補充：有些化妝品專家並不同意植物幹細胞有護膚作用，請看附錄中的這篇文章，標題是「化妝品化學家解釋『植物幹細胞』在皮膚護理中到底有啥作用」[4]。

至於讀者提問的野山參幹細胞，根據該公司網站的資訊，它們也是在透過細胞培養後，被用來萃取一些沒有透露的成分。但不同的是，這些萃取出來的成分卻是做成口服膠囊。該公司網站有提供許多科學論文，但沒有任何一篇是有野山參幹細胞的資料。我花了幾個小時做搜索，也搜不到任何野山參幹細胞的科學資料。

不管如何，從該產品的成分說明就可看出，所謂的逆齡成分是添加進去的 NMN 和「白藜蘆醇」。至於這兩種成分是否真能逆齡，請看我發表的文章，標題是「神藥：活到 150 歲！」及「白藜蘆醇的吹捧與現實」（收錄於《餐桌上的偽科學 2》155頁）。總之，目前沒有任何野山參幹細胞的科學資料，而該產品所聲稱的「野山參幹細胞天然逆齡」，也是沒有科學根據的。

林教授的科學養生筆記

1. Pycnogenol（碧容健／碧蘿芷）是一種松樹皮的萃取物。根據 2020 年發表的回顧性論文，無法得出其針對慢性疾病的功效或安全性的明確結論。另外，很多研究是由其公司資助，所以不可以完全相信

2. 與醫學相關的「植物幹細胞」論文，幾乎全都是在討論如何將植物幹細胞應用於皮膚保養品的製作

補充膳食纖維，問題探討

\# PHGG、水溶性、便秘、肝癌、菊粉

2022 年 4 月 6 號，我收到一個讀者留言詢問：「林教授您好，請問排便不順的話，吃這一篇文章裡提到的水溶性纖維也有幫助嗎？」

這個讀者提供是一篇發表在「健康學堂」的文章，標題是「超級纖維 PHGG 是什麼？孕婦便秘有用嗎？有副作用嗎？」，第一段是：「你是否疑惑為什麼吃很多菜喝很多水，還是便祕了？其實大部分蔬菜屬於非水溶性纖維，例如高麗菜、金針菇、胡蘿蔔……雖能增加糞便體積，卻對腸道蠕動（推動糞便前進）的幫助不大，而水溶性纖維則能吸收水分，促進腸道蠕動，使糞便柔軟好排出！也就是說，想要擺脫便秘，你吃的膳食纖維必須是水溶性。」

擺脫便秘，纖維必須是水溶性？恰好相反

　　啊，擺脫便秘，膳食纖維必須是「水溶性」？我們先來看看這三個來自較有信譽機構的資訊：一、WebMD:「非水溶性纖維將水吸入糞便並增加糞便的體積，幫助糞便更快地通過腸道。」[1]。二、加州大學舊金山分校:「非水溶性纖維有助於加快食物在消化道中的運輸，並有助於預防便秘。非水溶性纖維的良好來源包括全穀物、大多數蔬菜、麥麩和豆類。」[2]。三、梅友診所:「非水溶性纖維促進物質通過消化系統並增加大便的體積，因此它對那些便秘或大便不規則的人有益。全麥麵粉、麥麩、堅果、豆類和蔬菜，如花椰菜、青豆和馬鈴薯，是非水溶性纖維的良好來源。」[3]。所以，很顯然，「健康學堂」所說的「必須是水溶性」，是與事實正好相反。很有意思的是，「健康學堂」的名號之下有句「自己的健康自己守護，擁有正確知識是第一步」！

　　至於 PHGG，健康學堂先是用了這麼一個吸睛的標題:「超級纖維 PHGG 是什麼？竟能減肥、清腸、控血糖？」，然後說:「想要簡單、快速、方便地補充水溶性纖維，以前，我們會補充洋車前子、菊苣纖維、低聚果糖，現在，營養學專家新發現了一種多功能天然超級纖維，叫做 PHGG，它是由豆科植物水

解，不僅是水溶性纖維還是一種益生質，因為它具有發酵性，可產出短鏈脂肪酸，進而被上百兆種的腸道菌分解成養分，抑制害菌孳生，幫助改善便秘、調理消化道、防止腹瀉、控糖減脂，這是其他水溶性纖維做不到的！」

可是，早在 2011 年歐洲食品安全局（European Food Safety Authority，EFSA）就有發布一篇文章，標題是「關於證實局部水解瓜爾膠 (PHGG) 相關的健康聲明的科學意見」[4]，裡面的一個結論是：「專家組的結論是，攝取 PHGG 和減緩胃腸不適之間尚未建立因果關係。」

在一篇 2014 年發表的回顧性論文，標題是「用於便秘的食物」[5] 裡也有這麼一句話：「截至 2014 年，北美兒科胃腸病學、肝病學和營養學會 (NASPGHAN) 和歐洲兒科胃腸病學、肝病學和營養學會 (ESPGHAN) 不支持使用纖維補充劑治療功能性便秘。」還有，請注意，這篇論文也有說：「一般來說，眾所周知，非水溶性纖維有助於便秘。」

在另一篇 2020 年發表的回顧性論文裡也有這麼一個結論：「給便秘、肥胖和過敏性腸綜徵患者推薦纖維補充劑有一些好處，但顯著的異質性和發表偏見破壞了這種支持。」請看這篇文章，標題是「纖維補充劑對便秘、減肥和支持胃腸功能的有效性：薈萃分析的敘述性綜述」[6]。

從這三篇報告就可看出 PHGG 之用於改善便秘是有一些模糊的科學證據，所以患者也許是可以試試看，但請千萬不要過早相信那些一廂情願的誇大。尤其是「擺脫便秘，膳食纖維必須是水溶性」，更是與事實相反。

膳食纖維誘發肝癌？

讀者嚴先生在 2019 年 10 月 17 號詢問：「有關纖維想請問教授對這則新聞的看法，媽媽因化療不能吃生菜，早餐膳食纖維的份量不足，想利用高纖豆漿來補充。請問這類的膳食纖維可以控制血糖不要上升太快嗎，有人說血糖會影響癌症復發？二、菊苣纖維致癌是否可信？希望能夠解惑，謝謝！」

讀者提供的是一篇 2018 年 10 月 19 號發表在《元氣網》的文章，標題是「膳食纖維別亂吃！最新研究：可能誘發肝癌」，這篇文章是在報導一篇一天前剛發表的研究論文，標題是「可溶性纖維的微生物發酵失調誘導引發膽汁淤積性肝癌」[7]。

這項研究原本是要檢測「可溶性纖維」（soluble fibers）是否能預防代謝症候群，而實驗結果也的確顯示「菊粉」（Inulin，一種可溶性纖維）能預防代謝症候群。但是，研究人員卻意外

發現，有四成接受測試的老鼠出現膽汁淤積性肝癌。然後，接下來的一系列實驗發現，可溶性纖維在大腸裡促使梭狀芽胞桿菌和變形桿菌的增生，而這些細菌會將初級膽汁酸轉化成次級膽汁酸。這種次級膽汁酸會在肝臟淤積，引發一系列肝細胞病變，最終導致肝癌。

實驗室的菊粉與天然膳食纖維的不同

儘管菊粉是天然存在於菊苣根裡，但是實驗裡所採用的菊粉是通過一系列的提煉和萃取才純化而成的。這種人工純化的菊粉，長久以來一直被鼓吹為有益健康的「益菌元」。所以，這項研究的「顛覆性」發現當然就引起全球各大媒體的廣泛報導，而且這篇論文是發表在頂尖的期刊《細胞》（Cell）。

這項研究的首席研究員維傑・庫瑪（Vijay-Kumar）教授對媒體說：「我們知道水果和蔬菜中存在的纖維是有益健康。所以，在加工食品中添加純化的纖維聽起來是很合邏輯。但是，我們的研究結果表明，這實際上可能是很危險」。

這篇論文的第一作者辛格博士（Vishal Singh）也對媒體說：「添加到加工食品中的可溶性纖維不是天然食物的一部分。我們進行的這項研究所使用的菊粉是來自菊苣根，而這不是我們

通常會食用的食物。此外，纖維的提取和加工是需要透過化學過程，而我們並不知道人體對如此製成的纖維會做如何反應」。

讀者應該記得我曾經寫過這段話：其實，說出來會笑死人。**花了個半天功夫解釋「益菌元」，但原來所謂「天然的益菌元」也只不過就是你和我都再熟悉不過的蔬菜水果。**我也多次提到一篇哈佛醫學院發表的文章，標題是「維他命的最佳來源？ 你的盤子，不是你的藥櫃」[8]。事實上，我在個人網站「科學的養生保健」已經發表了上百篇有關補充劑非但無益反而有害的文章。可是，這似乎是杯水車薪，無濟於事。不管怎麼樣，能幫一個算一個。所以，我給嚴先生的建議是：豆類都富含纖維，應該是比添加人工纖維的豆漿好。帶渣的豆漿也可以考慮。

 林教授的科學養生筆記

1. 現在科學的共識是，非水溶性纖維可以增加大便的體積，所以對便秘的人有益。全麥麵粉、麥麩、堅果、豆類和蔬菜，如花椰菜、青豆和馬鈴薯，是非水溶性纖維的良好來源

2. PHGG 用於改善便秘是有一些模糊的科學證據，所以患者也許是可以試試看，但請千萬不要過早相信那些一廂情願的誇大

3. 水果和蔬菜中存在的纖維是有益健康，但是在加工食品中添加純化的纖維（例如人工純化的菊粉）則可能有害

Part 4
真科學補充站

現代醫學是不斷在進步的，每年都有無數的論文報
告刊出。其中，有一些趨勢已經漸漸成為定論，例
如：「素食不會比葷食更健康」「茶和咖啡對健康的好
處是肯定的」「補充劑對於人體健康無效反而有害」
「減鹽和減糖對健康有益」和「運動才是最好的藥」

素食和葷食的迷思與探討（上）

全素、Netflix 紀錄片、健康不可告人的秘密、負責醫學

吃肉延年益壽？吃素更健康？

讀者許先生 2022 年 3 月 7 號來信詢問：「林教授您好，最近有兩篇關於素食的報導似乎相互矛盾，請教您的看法如何？」

這位讀者寄來的兩篇文章是 2022 年 2 月 23 號發表在《自由健康網》的文章，標題是「全素飲食下神壇？大型跨國研究：吃肉有助延年益壽」和 2022 年 3 月 8 號發表在《元氣網》的文章，標題是「吃素真的更健康！研究揭密為什麼素食比雜食有益」。

《自由健康網》那篇文章的第一和第二段是：「飲食習慣對人體健康構成長遠的影響，不少人相信，全素飲食對健康有益無害，然而最新一項跨國大型研究排除了不同生活方式對壽命造成的潛在性影響，結果顯示，桌上固定有肉類佳餚的民眾，

比起全素飲食者有著更長的預期壽命。最新發表在《國際全科醫學雜誌》的研究報告中，來自澳洲、義大利、波蘭與瑞士的跨國團隊利用聯合國及其轄下機構收集的人體數據，進行了一次大規模研究，得到以上結論。」

這段話裡所說的研究報告是 2022 年 2 月 22 號發表的論文，標題是「肉類總攝入與預期壽命相關：對 175 個當代人群的橫截面數據分析」[1]。《元氣網》那篇文章的第二段是：「吃素的好處多，除了流行病學支持吃素對於人體有幫助以外，近來在科學研究期刊《食品科學與人類健康》（Food Science and Human Wellness）於 2022 年 3 月的發表的研究，就闡述了吃素對於人類腸道菌相的好處。」這段話裡所說的研究是一篇論文，叫做「素食相關營養素對腸道微生物群和腸道生理的影響」[2]。

《自由健康網》那篇文章所引用的研究是分析肉食與壽命之間的相關性，而對象是世界上不同地區的 175 個人類族群（這些族群的資料庫）。這項研究所獲得的結果是「肉類攝入與預期壽命呈正相關」。

元氣網那篇文章所引用的研究是總覽回顧過去有關素食對腸道菌的影響的科學報告。它的結論是「深入了解素食與腸道菌群及其代謝物之間的相互作用，有利於尋找預防或治療腸道疾病的新途徑」。

　　所以，自由健康網那篇文章所說的「大型跨國研究：吃肉有助延年益壽」是與它引用的那篇論文的結論一致。但是，元氣網那篇文章所說的「吃素真的更健康！研究揭密為什麼素食比雜食有益」則是與它引用的那篇論文的結論有很大的出入。事實上，那篇腸道菌的論文完全沒有說「吃素更健康」，也沒有說「素食比雜食有益」。也就是說，這兩個聲稱都只是元氣網那篇文章作者的個人意見，而不是來自那篇論文。

　　請注意，我只是在分析自由健康網和元氣網這兩篇文章的正確性，而不是在分析素食是否比葷食更健康。如果您的興趣是在於**素食是否真的更健康，那我只能說目前還沒有確切的科學證據。至於以後會不會有確切的科學證據，我可以說，根據我所看過的眾多研究報告，可能性極低。**

What the Health，Netflix 素食紀錄片名暗藏玄機

　　好友羅先生 2022 年 1 月貼上一支影片詢問：「報告教授，在 Netflix 揭真相節目中看到這一集，覺得隱約印證了我心中的疑點。請教授看完這篇報導後，給個啟示。謝謝！」另一位臉書朋友則留言：「教授，我看完這部影片，真覺得我們的生活飲食和環境，實在糟透了，該怎麼辦？」

　　羅先生提供的影片是 2017 年發行的紀錄片，台灣區 Netflix 將中文片名取作「健康不可告人的秘密」，但此片的英文標題「What the Health」本身已是暗藏玄機，其諧音是 What the hell。Hell 照字面翻譯是「地獄」，但是日常生活中它往往就只是不自覺的牢騷或抱怨，有點像是中文裡「馬的」。What the Hell 照字面翻譯是「什麼地獄」，但是在口語中所代表的意思會隨著情況而有所不同。比較常見的意思是「你他馬的，就照你的意思」、「你他馬的，一不做二不休」、「他馬的，你在搞什麼鬼」。不管如何，What the Health 就是從 What the Hell 轉化而來，而它的意思大致上是「你他馬的，什麼健康」。可是由於影片的重點是在食物，所以更貼切的翻譯應該是「你他馬的，什麼健康食物」。

　　事實上這個影片發行不久後，就有一對夫妻檔的飲食達人在《哈芬登郵報》（Huffpost）發表文章，標題是「What The Health 是更像 What The Hell」[3]。也就是說，他們認為與其說這個影片是健康，還不如說它是地獄。另一位飲食科學作家也在《健康家庭經濟人》（The Healthy Home Economist）發表文章，標題是「令人難以置信的 "WHAT THE HEALTH" 壞科學」[4]。

　　這部影片的主角，同時也是劇作家、導演兼發行人，是住在舊金山的基普・安德森（Kip Andersen）。他是在 2002 年創立

「動物聯合運動電影和媒體」（Animals United Movement Films and Media），專門製作為動物權益發聲的影片。所以，在這部影片裡你就會看到「一天一顆雞蛋就像抽五支菸」、「牛奶會致癌」、「牛奶裡有膿」、「每天一份加工肉類會增加糖尿病風險51%」、「魚有毒」等嚇人的論調，而目的就是要警告大家千萬不要吃動物性食物。

這部影片訪問了很多位醫生，包括尼爾·巴納德（Neal Barnard）、麥可·克雷格（Michael Greger）、John McDougall、Joel Kahn、Milton Mills、Garth Davis、Michael Klaper、Caldwell Esselstyn 和 Kim Williams。他們全都被說成是沒有被財團收買、有良知的醫師，但其實他們都是素食主義者，全屬於一個叫做「負責醫學的醫師委員會」（Physicians Committee for Responsible Medicine）的組織，其中有幾位還靠推行素食來營利[5]。

推廣極端素食團體會誇大葷食危害

這個組織是尼爾·巴納德醫生在 1985 年創立，這個名字裡的「負責醫學」（Responsible Medicine）意思就是要對動物負責。也就是說，這個組織是一個動物保護團體，宗旨是要禁止利用動物來做任何事，包括反對吃肉類（任何肉類，包括魚蝦），反

對吃雞蛋，反對喝牛奶，反對用老鼠做實驗等等。所以，為了達到這個目標，它總是誇大葷食（包括雞蛋及牛奶）對健康的危害。

麥可・克雷格醫生是這群醫師裡最廣為人知的。我在《餐桌上的偽科學》182 頁就提過，他雖然擁有醫生（Medical Doctor）的學歷，但是他的全職是推行完全素食，包括禁止食用雞蛋和牛奶。他創立了一個叫做「營養真相」（Nutrition Fact）的網站，致力於推行葷食有害，素食有益的理念。

這部影片聲稱許多醫療機構和組織（包括世界衛生組織、美國心臟協會、美國糖尿病協會、美國癌症協會）都是被肉品工業、雞蛋工業和牛奶工業收買了。但其實這只是一個非常聰明，一石兩鳥的行銷手法。要知道，**所有正規醫療機構和組織都是建議大家要均衡飲食，而這當然是包括適量攝取雞蛋、牛奶、魚等動物性食物。可是，這當然也就是極端素食者所極力反對的。**所以，把一些大牌的醫療機構和組織說成是被動物性食品界收買，當然就能顯示出動物性食品是真的有害，而葷食的普羅大眾都是被這些醫療機構給蒙蔽了。再者，這招手法也能讓普羅大眾以為素食的人是被醫療機構和動物性食品界聯手迫害。

四十年前，我在念博士班時結交的幾位要好的美國朋友裡有兩位是素食主義者。其中年紀較大的那位已經過世（他當時

是音樂系教授），而另一位到現在都還是好朋友。我現在的朋友圈裡也有幾位是素食者，包含我的大姐。所以，素食和葷食的人是可以做朋友的，而不是說素食的人就要仇視葷食的人（說是殘害動物），或葷食的人就得鄙視素食的人。

這部影片為了推行素食而「摘櫻桃」科學證據，誇大葷食的害處，但是這對素食的推行其實就只會適得其反。畢竟，醫學界和營養學界對它的評價是極其負面的，有興趣的讀者可以去附錄找《時代雜誌》發表的這篇文章來閱讀，標題是「您應該知道的關於純素食主義者的 Netflix 電影 What the Health」[6]。

 林教授的科學養生筆記

1. 有許多推廣極端素食的組織或個人，會誇大葷食（包括雞蛋及牛奶）對健康的危害。他們的宗旨是要禁止利用動物來做任何事，包括反對吃肉類（任何肉類，包括魚蝦），反對吃雞蛋，反對喝牛奶，反對用老鼠做實驗等等。

2. 素食是否真的比葷食更健康，目前還沒有確切的科學證據。至於以後會不會有確切的科學證據，根據我所看過的眾多研究報告，可能性極低

4-2

素食和葷食的迷思與探討（下）

海鮮、紅肉、白肉、失智症、阿茲海默症

在上一篇文章，我指出了兩家健康資訊網站所提供的吃素資訊是南轅北轍，互相矛盾。事實上，縱然是同一家網站所提供的資訊，也常常會昨是今非，今是昨非。究其原因，這些所謂的健康資訊網站充其量也不過就是內容農場。它們是只管發表文章，而不會在乎文章對讀者的健康是有益或有害。

吃素與失智症的關聯，結論為何南轅北轍？

這篇文章發表後，讀者 Shaun 在回應欄裡留言：「林教授，有另一篇文章請問您可信度高嗎？」這位讀者提供的是元氣網在 2019 年 5 月 3 號發表的文章，標題是「預防飲食／不吃肉易失智？法國最新研究：風險提高了 67％」，第一段這麼說：「近

年來素食風潮越來越盛行，有些人認為吃素可以健康養生，但事實真是如此嗎？ 2019 年 3 月登載在《阿茲海默症期刊》中，由法國國家健康與醫學研究院等多處機構所進行的研究反而提出，肉類攝取不足可能提高罹患失智症的風險！」

這段話提到的《阿茲海默症期刊》（Journal of Alzheimer's Disease）論文，標題是「肉類、魚類、水果和蔬菜的攝入與失智症和阿茲海默症的長期風險」[1]。從這個標題就可看出，這項研究並不把魚類（包括任何海鮮）當成是肉類，結論還說魚類（包括海鮮）的攝入與失智症的風險無關。所以，我實在是無法理解為什麼元氣網那篇文章會說「近年來素食風潮越來越盛行，有些人認為吃素可以健康養生……研究反而提出，肉類攝取不足可能提高罹患失智症的風險！」。難道，作者認為魚類和海鮮都是素食？

更好笑的是，早在 2015 年就有一篇論文是與這篇 2019 年的論文，所得到結論是正好相反，而且這篇 2015 年的論文還是出自台灣。這篇論文的標題是「65 歲及以上台灣人的飲食模式和認知能力下降」[2]，結論是：「這項研究表明，頻繁食用肉類 /家禽和雞蛋以及不經常食用魚、豆類、蔬菜和水果的飲食可能會對台灣老年人的認知功能產生不利影響。」其實，令人哭笑

不得，無所適從的研究還多得很，例如以下四篇：

一、2022 年論文，標題是「乳製品、肉類和魚類攝入量與失智症風險和認知能力的關係：庫奧皮奧缺血性心臟病風險因素研究（KIHD）」[3]。結論：「儘管某些食物組的攝入量較高與認知表現相關，但我們幾乎沒有發現與失智症風險相關的證據。」

二、2021 年論文，標題是「肉類攝入和失智症風險：493,888 名英國生物銀行參與者的隊列研究」[4]。結論：「這些發現強調加工肉類攝入是失智症的潛在風險因素。」

三、2021 年論文，標題是「吃肉還是不吃肉？加工肉類與失智症的風險」[5]。結論：「目前的證據表明，健康的飲食模式可以降低患失智症的風險，但特定食物和營養素的作用仍然存在很大的不確定性。確定解釋觀察到的飲食影響的特定飲食成分將有助於了解潛在機制，增加對因果關係的信心，並完善飲食建議，但此類研究非常困難。」

四、2020 年論文，標題是「肉類攝入、認知功能和障礙：敘事綜合和薈萃分析的系統評價」[6]。結論：「總體而言，肉類攝入量與認知障礙之間沒有很強的關聯。」

那，讀者可能想問，為什麼不同的研究會有這樣南轅北轍的結論呢？解答放在下一段文章的最後兩段。

紅肉，從不健康到無所謂

讀者 Peter 在 2019 年 10 月 5 號來信詢問：「林教授您好，請問這個研究是否有可信度？謝謝」讀者提供的連結是一篇 2019 年 10 月 1 號發表在《內科醫學年鑑》（Annals of Internal Medicine）的醫學論文，標題是「未加工紅肉和加工肉的食用：營養建議協會（NutriRECS）專家組所給的飲食指南建議」[7]。

從這個標題就可看出，這篇論文是要提供有關食用紅肉和加工肉的建議，而它的結論是：專家組建議成年人照常繼續食用未加工的紅肉（薄弱建議，低確定性證據）。同樣地，專家組建議成年人照常繼續食用加工肉類（薄弱建議，低確定性證據）。用俗話來說，這篇論文就是建議大家無需改變吃紅肉或吃加工肉的習慣，但是它也有提醒大家，這樣的建議只是基於薄弱的科學證據。這篇論文發表後被媒體廣為報導，而它們都異口同聲地說：「專家建議不用減少紅肉及加工肉的攝取」。

這樣的報導當然是造成民眾極大的困擾，畢竟，「要盡量少吃紅肉及加工肉」已經是老生常談，再熟悉不過的健康準則。而也就因為如此，很多專家站出來同聲斥責這篇論文。例如，哈佛大學在 2019 年 9 月 30 號發表文章，標題是「新的『指南』說繼續食用紅肉，但建議與證據相抵觸」[8]。《紐約時報》更在

2019 年 10 月 4 號發表文章，標題是「抹黑肉類準則的科學家沒有呈報與食品行業過去的關係」[9]。這篇文章還有個副標題：首席研究員布拉德利・約翰斯頓（Bradley C. Johnston）說，他不需要呈報自己與一個強大工業貿易組織的關係。也就是說，紐約時報指控該論文的作者隱瞞他與食品業的利害關係，而也就因為如此，紐約時報認為該論文是不能相信的。

可是，我在上面有提到，這篇論文其實有表明，它所做的建議只不過是基於薄弱的科學證據。也就是說，它有暗示大家無須完全聽從它所做的建議。所以，真正的問題就出在這裡：既然是證據薄弱，那為什麼還要做建議？如果我是這篇論文原稿的評審，我一定是會建議「拒絕」。

好了，不管如何，我希望讀者能了解，**人是非常複雜多變的「實驗動物」，而食物又是非常複雜多變的「實驗材料」，所以拿人來試驗食物對健康有益或有害，無異乎緣木求魚。**對這個議題有興趣的讀者也可以去附錄看麥基爾大學的這篇文章，標題是「吃什麼和不吃什麼的問題實在是太複雜了，以至於沒有一個簡單的答案」[10]。

同樣一塊肉，我吃了之後睡個懶覺，就轉化成肥油，您吃了之後去舉重，就轉化成肌肉。也就是說，**食物攝取是一回事，轉化成什麼又完全是另外一回事。這就是為什麼我一再強**

調沒有任何單一的食物是會讓人健康。只有全面性的，均衡的飲食，加上有恆的運動，才有保障。補充：忘記什麼是紅肉和白肉的讀者，可以複習《餐桌上的偽科學》53 頁。

林教授的科學養生筆記

1. 有關肉類攝入量與認知障礙的實驗報告，結果還呈現南轅北轍，所以只能說目前沒有很強的關聯

2. 食物攝取是一回事，轉化成什麼又完全是另外一回事。這就是為什麼我一再強調沒有任何單一的食物是會讓人健康。只有全面性的，均衡的飲食，加上有恆的運動，才有保障

抗性澱粉和寒涼飲食分析

＃冷飯、白米、大腸癌、食物溫度

　　2016 年 11 月，有位好友寄來一個「吃飯抗癌」的電郵。其實，我在幾個月前就已經收到類似的電郵，也上網收集了一些相關的資訊。其中就有如下三個「大嘴巴」的標題，例如：「醫學新發現：腸癌剋星存於常見食物。米飯加它就是抗癌米飯」、「白飯千萬別趁熱吃，放涼吃能減肥，還能控血糖控血脂！」

「抗性澱粉」抗癌？臨床證據薄弱

　　根據這些網路文章，「吃冷飯能抗癌」的說法，是來自於北京衛視「我是大醫生」節目中的醫學專家。這些文章又說，吃冷飯是日本人長壽的原因，解釋是因為，米飯中有一種可以對抗腸癌的物質，叫抗性澱粉，煮熟的米飯只有放涼之後，才會產生更多抗性澱粉。

　　那，抗性澱粉到底是啥東西，為什麼米飯放涼之後，才會產生更多抗性澱粉？抗性澱粉真能抗癌嗎？食物中的澱粉，絕大部分是會在小腸裡被分解成葡萄糖。但有些由於有外膜保護，或有緊密的結構，能逃過被消化酶分解的命運，從而得以進入大腸……這就是所謂的抗性澱粉。煮熟的米飯放涼後，裡面的澱粉結構會變得比較緊密，從而比較能避開被消化的命運。這也就是為什麼，冷飯會有較多的抗性澱粉。

　　的確，有非常多的科學報告說，抗性澱粉在大腸裡會被細菌發酵，轉化成短鏈脂肪酸，因此有減肥、控血糖、控血脂、抗癌等等功效。問題是，絕大多數有功效的證據，是來自於動物實驗或一般觀察（沒有統計學分析）。真正以人為研究對象的臨床試驗，是少之又少。以大腸癌為例，總共也只有兩篇臨床報告，分別發表在兩個頂尖的醫學期刊裡。

　　在 2008 年 12 月發表在《新英格蘭醫學期刊》的研究裡，有 727 個帶有大腸癌基因的人，被分配成兩組。一組吃抗性澱粉，一組吃安慰劑。結果，這兩組人得大腸癌的機率沒有差別[1]。在 2012 年 12 月發表在《刺胳針》（The Lancet Oncology）研究裡，有 463 個帶有大腸癌基因的人接受調查。結果，吃抗性澱粉跟吃安慰劑的兩組人，得大腸癌的機率沒有差別[2]。

　　當然，也許有人會說，這兩個研究裡的調查對象，是帶有

大腸癌基因的人。所以，它們的調查結果，可能不適用於一般人。沒錯，這種說法是合理。只不過，一般人得大腸癌的機率不到 5%。所以，如果要以一般人做為調查對象，那就需要篩檢數千人，甚至數萬人。我想，抗性澱粉應該沒有重要到會有研究機構願意出資（數百萬美金）贊助這樣的調查。不管如何，大多數人都知道，**吃蔬菜、水果、豆類的飲食方式，是早已被證實可以降低大腸癌的風險**。那，你是要選擇吃蔬果豆類，還是吃冷飯？

寒涼飲食會影響健康嗎？

讀者 Abel 在 2019 年 7 月 22 號提問，節錄如下：「……請問林教授，我們東方華人常常被告誡飲食不要過度寒涼。想請問教授，在期刊方面有沒有飲食和溫度關係的研究結論呢？」

讀者 Abel 說的沒錯，的確是有很多華人把寒涼的飲食當成是禁忌，而網路上也有很多文章說寒涼飲食是有害健康。可是呢，也有所謂的醫學專家勸大家要吃冷飯。他們說，因為冷飯含有較多的抗性澱粉，而抗性澱粉是有減肥、控血糖，控血脂，和抗癌的功效。這些專家還說，吃冷飯是日本人長壽的原

因。所以，您說，寒涼飲食對健康到底是有害還是有益？更重要的是，不管是有害，還是有益，這些言論到底有沒有科學根據？

關於抗性澱粉，我在上一段已經分析其對人體健康有益論點證據是十分薄弱。至於寒涼飲食有害健康的說法，我花了很多時間在 PubMed 公共醫學圖書館搜索，結果是空手而歸。

我也花了很多時間在網上搜索，還是找不到真正有科學根據的。但是，有一本書可以說是接近於科學。這本書的書名是「實用營養學：特別是與疾病相關的飲食」（Practical dietetics : with special reference to diet in disease），在 1895 年首次發行，作者是湯普森醫生（William Gilman Thompson MD）。這本書很厚，長達 842 頁。在第 309 頁到第 312 頁之間有一章叫做「溫度與消化」（Temperature and Digestion）。我把其中有關食物（包括飲料和湯水）溫度與健康的部分翻譯及整理如下：

吞嚥熱液體（如湯或肉湯）或熱固體食物對消化的影響很小，同樣地，只要是緩慢吞嚥，非常冷的食物或飲料也對消化沒有太大影響。有些食物是熱食比冷食較容易消化，但有些是恰恰相反。在任何一種情況下，不是因為胃的變暖或變冷，而是因為食物本身的狀況。例如，一些不能消化熱羊肉脂肪的

人卻可以消化冷的，因為它變得易碎並且與其他食物混合得更好。一些胃部非常敏感的人不能吃冷的奶油，但卻可以吃熱吐司上融化的奶油。對於許多人來說，熱火腿比冷火腿更難以消化。熱牛奶可能比冰牛奶更容易消化，但如果出現嘔吐，後者可能會更好。很大程度上取決於習慣和個人特點。

人們可以用冰生牡蠣開始晚餐，然後喝熱湯，然後用冰淇淋，然後是熱咖啡來結束用餐，然而在整個過程中，胃內容物的溫度變化不會達到半度，因為溫暖的血液在其壁內和食道內迅速而豐富地循環，維持最有利於消化的的平均值。熱食物會被冷卻，而冷食物則在吞嚥時被加熱。我們甚至可以說食物越熱或越冷，就越不會改變消化速率，因為這些極端溫度需要被緩慢吞嚥。支持這些陳述的證據是我對患者進行的許多實驗的結果。我讓這些患者吞嚥不同溫度的液體，然後將這些液體立即從胃中抽出，並檢測其熱量的損失或增加。我發現，兩瓶冰水喝進肚子後，會在五分鐘內上升到攝氏 35 度。

從湯普森醫生的敘述，我們可以很清楚地看出，食物的溫度對消化的影響是非常微小。所以，我們也可以推理，食物的溫度對健康影響可能也不大。只可惜，要得到確切證據的可能性也一樣是非常渺小，畢竟，沒有人會願意提供經費來做這種

沒有商機的研究，而縱然是有研究經費，實驗本身也將會是非常複雜，難以掌控。這就是為什麼，公共醫學圖書館會搜不到這方面的論文。

　　所以，我給讀者 Abel 的回答是，在期刊方面，我找不到有飲食和溫度關係的研究結論。但是，湯普森醫生的這本書，也許可以算是接近吧。至於食物到底是要熱食還是冷吃才好，我想應當是看食物的性質，還有個人的體質或喜好而定，沒有什麼對錯可言。

 林教授的科學養生筆記

1. 關於抗性澱粉所宣稱的種種功效（減肥、控血糖、控血脂、抗癌），真正以人為研究對象的臨床試驗，是少之又少。以降低大腸癌為例，僅有的兩篇臨床報告結果是無效。而多吃蔬菜、水果和豆類的飲食方式，則是早已被證實可以降低大腸癌的風險

2. 在科學期刊找不到有飲食和溫度關係的研究結論（因為是沒有商機的研究）。至於食物到底是要熱食還是冷吃才好，我想應當是看食物的性質，還有個人的體質或喜好而定，沒有什麼對錯可言

重申減鹽有益：低鈉鹽和代鹽的分析

＃減鹽有益、氯化鈉、味精、心血管疾病

美國 FDA 發布自願減鈉目標

《美國醫學會期刊》（JAMA）在 2021 年 10 月 13 號發表了一篇論文，標題是「降低在美國的鈉攝取」[1]。從這個標題就可看出，美國人目前仍然攝取過多的鈉，而鈉的主要來源就是食物中的鹽。補充：鹽就是氯化鈉，一克的鹽含有四百毫克的鈉。

事實上，吃太多鹽是一個全球性的問題。早在 2014 年，「全球疾病負擔營養與慢性病專家組」就在《新英格蘭醫學期刊》發表論文，標題是「全球鈉攝入量和心血管原因導致的死亡」[2]。這項調查發現，在全球一八七個國家中有一八一個的成人每日鈉攝入量是超過世界衛生組織所建議的二克（相當於五克的鹽）。這項調查也發現，全球每年有 165 萬人是因為攝取過多鈉而死於心血管疾病。

減鹽對健康有益是全球共識

可是，儘管「減鹽」早就是一個壓倒性的全球共識，近幾年來卻還是一直有人在提倡要多吃鹽，我也在自己的網站寫過多篇文章澄清。不管如何，我現在把這篇 JAMA 文章的重點整理成下列十點：

1. 美國十四歲以上的人每人每日建議鈉攝取量是 2.3 克。

2. 目前一歲以上的美國居民每人每日平均鈉攝取量是 3.4 克，而 19 到 30 歲每人每日平均鈉攝取量是將近 4.3 克。

3. 每個年齡層的美國居民九成以上都過度攝取鈉。

4. 減少鈉攝入量將改善數十萬人的健康狀況，並可以在未來幾年節省數十億美元的醫療保健相關支出。

5. 在美國，超過 70% 的鈉攝入量是來自包裝食品和外食。只有 11% 的鈉攝入量是來自自家烹飪的食物，而其餘幾乎都是來自食物本身（米、菜、肉）。

6. 儘管很多美國人希望減少鈉攝入量，但目前美國食品中的鈉含量使其極具挑戰性。

7. 從目前的水平降低加工和預製食品中的鈉含量，同時保持消費者的接受度，在技術上是可行的。

8. 鈉是一種適應性口味；個人的味覺可以調整以降低食物中的鈉含量，但這種改變是需要廣泛而漸進。

9. 將近一百個其他國家已採取行動減少鈉攝取量，其中將近六十個國家已採取行動減少食品供應中的鈉含量。

10. 美國 FDA 已經為大約 160 類食品的行業發布了最終的短期（2.5 年）自願減鈉目標。這些目標於 2016 年首次作為草案發布，旨在將平均鈉攝入量減少到每天三克。雖然這個目標仍然是高於推薦值，但即使是對整個人群的適度改善也可以產生巨大的公共衛生效益，從而降低發病率和死亡率並節省成本。

吃最鹹的日本居民如何變成最長壽

補充，我在之前的文章中有引用兩篇《日本時報》（Japan Times）的報導，其中一篇是發表於 2016 年 1 月 22 號，標題是「吃最鹹的日本居民如何變成最長壽」[3]。此報導說，在 1965 年，長野縣居民的鹽攝取量是全國最高，所以當時他們的中風和其他高血壓相關疾病的死亡率也是最高。在 1980 年代初期，他們開始認真解決這個問題，將三餐都喝味噌湯的習慣改成一餐，將醃製菜的用量改成少許，並且不再把麵湯喝完。就這樣，長野縣居民現在因為減鹽政策推行成功而成為全國最長壽。

使用代鹽可使死亡率減少 12%

　　那，有讀者可能想問，既然「嗜鹽」是一個全球性的問題，為什麼不發明一個「代鹽」來應付呢？畢竟，同樣是全球性的嗜糖問題不是早就有代糖來應付了嗎？在 2021 年 9 月，一個由 32 名專家組成的國際團隊又在《新英格蘭醫學期刊》發表論文，標題是「鹽替代對心血管事件和死亡的影響」[4]。

　　這項研究是在中國進行，內容是從六百個中國村子招募了兩萬多名平均年齡 65.4 歲的參與者（男女各半）。這些參與者全都是有中風或高血壓的病史（72.6% 有中風的病史，88.4% 有高血壓的病史）。他們被隨機分成兩組：一組繼續吃普通鹽（氯化鈉），另一組則吃「代鹽」（75% 氯化鈉＋ 25% 氯化鉀）。追蹤近五年後，跟吃普通鹽的相比，吃代鹽的這一組中風發生率減少 14%，重大心血管事件發生率減少 13%，死亡率減少 12%。

　　所以，使用代鹽可以明顯降低中風、重大心血管事件和死亡率。但是，這項研究所使用的代鹽其實還是鹽，只不過其中的 25% 是被氯化鉀取代了。氯化鉀雖有鹹味，卻也帶有金屬味和苦味。所以，縱然只佔 25%，氯化鉀也不是理想的代鹽。

　　在 1940 年代，氯化鋰（lithium chloride）曾被用作代鹽。它的確是嘗起來非常像氯化鈉，但後來被發現具有毒性，會造成

顫抖、作嘔及疲倦，所以就被停用了。也就是說，這七、八十年來，世上就再也沒有一個勉強可稱為「代鹽」的東西了。

我想大多數人都聽過代糖，我也有發表過三篇有關代糖的文章，請複習《餐桌上的偽科學》49頁和《餐桌上的偽科學2》38頁。美國FDA目前已經核准的代糖有八種，而尚未核准的代糖應該還有幾十種。那，為什麼代糖垂手可得，代鹽卻是踏破鐵鞋無覓處呢？我們的味覺有五種，分別是：甜、酸、苦、鮮、鹹。前四種是如何被味蕾偵測到的，醫學界目前已經有相當不錯的了解。尤其因為甜味是關係到糖尿病、肥胖、蛀牙等問題，所以相關研究是多不勝數，而這些研究也孕育出一大堆不同種類的代糖。但是，鹹味卻是處於另一極端。醫學界對於其是如何被味蕾偵測到的，目前還只是一知半解。

一個日本團隊在2021年8月發表論文，標題是「TMC4是一種涉及高濃度鹽味覺的新型氯通道」[5]。我把此文的最後一段翻譯如下：「在許多國家，鹽攝入量超過了推薦水平。由於鹽的過度攝入可能會影響身體的液體穩態，而阿米洛利不敏感途徑在人類的鹽味感知中占主導地位，因此hTMC4增強劑可能有助於生產低鈉食品，目前正在篩選的化學物質。因此，未來對TMC4介導的高濃度鹽味覺的研究可能會對人類健康和食品工業產生影響。」

　　如果讀者對於以上這段有看沒有懂，沒關係，這段話基本上就是說，這個研究團隊已經找到一個負責偵測高濃度鹽味覺的味蕾細胞結構，而他們也已經在用它來篩選化學物質，希望有朝一日能找到一個真正的「代鹽」。

　　補充，此文發表後讀者 Tammy Liu 提問：「亞洲餐館最愛用的味精應該也含有鈉的成份吧……所以經常依賴外食的台灣人民可能在不知不覺中攝取過量的鈉。」我的回覆：「是的，味精的確含鈉，所以的確是會加重鈉過度攝取的問題。常外食的人最好是經常量血壓。只要是在正常範圍，也就 OK。」

低鈉鹽是送命鹽？謠言解析

　　我在上一段指出一項最新的大型臨床研究發現代鹽可以顯著地降低中風、心血管疾病及死亡的風險。兩天後讀者 Elliot 在回應欄裡留言：教授您好。由於本身有第二期高血壓。兩年前起，主治醫師建議低鈉飲食，其中提及自炊料理時減少味精和鮮味料（含鈉）使用，另建議改用在臺灣市售相當平價的台鹽減鈉含碘鹽（50% 氯化鉀替代氯化鈉），味蕾是也習慣了這種減鈉鹽，這兩年配合藥物下血壓也控制穩定。依教授的見解，這樣的減鈉鹽適合作為長期飲食的「代鹽」應用嗎？網路上批評

減鈉鹽的報導眾多，雖然有被教授多本著作訓練出一點辨識偽科學的抗體，但還是需要教授指點。

我立刻回覆這位讀者：「從您的描述來判斷，應該是 OK。關於那些批評，我會考慮寫一篇來討論。」好，我現在就來討論對於減鈉鹽的批評。首先，我很高興這位讀者表示他有被我的幾本書訓練出一點辨識偽科學的「抗體」。再來，網路上的確是有很多批評「減鈉鹽」的文章。例如《新華網》在 2017 年 1 月 17 號發表的文章，標題是「低鈉鹽是送命鹽還是保命鹽」，以及《元氣網》在 2018 年 12 月 14 號發表的文章，標題是「高血壓患者改吃低鈉鹽較健康？藥師：恐造成反效果」。

《元氣網》那篇文章是振興醫院的莊孟蓉藥師所撰寫，而其中一段是：「但低鈉鹽含豐富鉀，人體內鉀含量過高時會造成腹痛、雙手發抖、心律不整等症狀，若發生心律不整，則可能有致命的危險，因此低鈉鹽並非人人適用，若有腎臟疾病或血鉀值高的病人都不適合食用。在國外，低鈉鹽需要醫師處方才可以使用。」

首先，根據這位藥師所言的「在國外，低鈉鹽需要醫師處方才可以使用」，這句話可以被解讀為「除了台灣之外，世界上其他國家都需要醫師處方才可以使用低鈉鹽」。但，這是事

實嗎？一位署名「大陸讀者」的讀者也在「代鹽？減少死亡率12%」這篇文章留言：「大陸廣東這邊超市都有加鉀的食鹽售賣（成分氯化鉀、碘酸鉀、亞鐵氰化鉀），但貴了一元，導致大部分人不喜歡買……我是很早開始用添加鉀食鹽了，經常給老媽科普買這個。」由此可見，低鈉鹽在中國並不需要醫師處方。在美國呢，隨便上網也都是可以買到低鈉鹽。所以，《元氣網》那篇文章所說的「在國外，低鈉鹽需要醫師處方才可以使用」，絕非事實。至於元氣網那篇文章所說的「但低鈉鹽含豐富鉀，……若有腎臟疾病或血鉀值高的病人都不適合食用」，我請讀者來看下面這三篇論文，分別是：

一、2016 年論文，標題是「營養不等價：限制高鉀植物性食物有助於預防血液透析患者的高鉀血症嗎？」[6]，文摘前兩句是：「通常建議血液透析患者限制高鉀食物的攝入量，以幫助控制高鉀血症。然而，這種做法的好處完全是理論上的，並沒有得到嚴格的隨機對照試驗的支持。」

二、2020 年論文，標題是「慢性腎病透析前患者的膳食鉀攝入量和慢性腎病進展風險：系統評價」[7]。本文文摘裡的第二到第四句是：「在一般人群中，較高的鉀攝入量被認為對心血管健康有保護作用。由於慢性腎病患有高鉀血症的風險，因此通常建議限制鉀的攝入。然而，鑑於心血管功能不良會導致腎臟

損害，低鉀飲食可能對慢性腎病患有害。」

三、2020年論文，標題是「富含鉀的鹽替代品作為降低血壓的一種手段：益處和風險」[8]。本文文摘中提到：「有經驗證據表明，用富含鉀的鹽替代品替代氯化鈉可降低收縮壓4.09到7.08毫米汞柱，也可降低舒張壓1.83到3.93毫米汞柱。富含鉀的鹽替代品的風險包括可能增加高鉀血症的風險及其主要不良後果：心律不整和心源性猝死，尤其是在患有慢性腎病等鉀排泄障礙的人群中。關於富含鉀的鹽替代品對高血鉀症發生的影響的證據不足。」

這篇論文在內文裡又說：「鑑於第一點、較高膳食鉀對血壓的潛在有益影響，第二點、缺乏關於膳食鉀攝入量對血清鉀水平影響的證據，以及第三點、過度飲食限制的潛在危害，越來越多的人支持鼓勵在慢性腎病患的飲食中增加富含鉀的食物，至少在那些沒有高血鉀症傾向的患者中。」

從這三篇論文就可看出，雖然慢性腎病患使用低鈉鹽有可能會導致高血鉀症（證據不足），但卻肯定可以改善高血壓，從而對腎臟起到保護作用。所以，元氣網那篇文章只說低鈉鹽會對慢性腎病患有害，並不是正確的健康資訊。

提問的讀者Elliot在2021年10月31號再回應：「感謝教授抽空回應，對於『減鈉鹽』的長期飲食替代，讓我放心多了。

似乎在台灣長輩的一些群組裡有減鈉鹽『氯化鉀＝有毒＝腎虧＝洗腎』的普遍認知（據說某知名江××醫師的大力宣傳），本身遵從醫師衛教在辦公桌上放了減鈉鹽作為 table salt 的替代，經常被說那個有毒吃了會洗腎。我請教了主治醫師，醫師表示鈉攝取過多高血壓沒控制好容易拉高腎病變風險，到時才真的要洗腎，健康的腎（非腎功能障礙者）減少鈉攝取並不會影響腎功能。再次感謝教授的撥空回覆。我常購入教授的書送親友（當被建議一些奇怪的養生偏方時），看看能不能提升一點對抗偽科學的『群體免疫』。謝謝您一直以來的用心努力，幫大眾省下很多被詐騙的冤枉錢。」

 林教授的科學養生筆記

1. 吃太多鹽是已被證實的全球性問題，2014 年調查也發現，全球每年有 165 萬人是因為攝取過多鈉而死於心血管疾病

2. 普通鹽（氯化鈉）和「代鹽」（75% 氯化鈉＋25% 氯化鉀）的實驗顯示，使用代鹽可以明顯降低中風、重大心血管事件和死亡率

3. 已經有許多報告指出低鈉鹽對於一般人的心血管健康有幫助。而慢性腎病患使用低鈉鹽有可能會導致高血鉀症（證據尚且不足），但卻肯定可以改善高血壓，從而對腎臟起到保護作用

4-5

再論咖啡的謠言

＃空腹、傷胃、葡萄糖溶液、營養素吸收、茶

　　讀者簡小姐在 2021 年 12 月 22 號詢問「空腹是否可以喝咖啡」。我把她的來函簡化如下：「林教授您好，關於喝咖啡傷胃網路上的說法實在眾說紛紜，有說喝咖啡會胃潰瘍、胃食道逆流、刺激皮質醇、血糖易上升等等，文章內容也都是說某某研究指出或營養師的看法……實在很難分辨到底是否真是如此？曾經看過好幾篇林教授的文章，覺得不僅客觀（佐證豐富），更是釐清了很多既定的錯誤觀念，因此特來信請教，望林教授解惑，小女子不勝感激。」

早上空腹喝咖啡，可怕後果？

　　兩天後的聖誕夜，我的大學同學也用 LINE 來問我同樣的問題，而這很顯然是因為《風傳媒》在三天前發表的文章，標題

是「早上空腹喝咖啡，容易刺激胃酸分泌！英國研究曝每日最佳 4 個飲用時段，有效提神還能燃脂」

讀者簡小姐除了寄來《風傳媒》這篇文章之外，也寄來另外兩篇，分別是 2020 年 10 月 25 號發表在《NOW 健康》的文章，標題是「先吃早餐？還是先喝咖啡？研究：空腹喝咖啡不 OK」和另外一篇沒有日期，發表在《常春月刊》的文章，標題是「早上喝咖啡提神醒腦？營養師揭可怕後果，三大族群最好不要空腹喝」。

《常春月刊》那篇文章有註明是轉載自《NOW 健康》，而《風傳媒》那篇則是有一部分跟《NOW 健康》那篇大同小異，所以我就先只討論《NOW 健康》那一篇。此文說：「研究人員要求 29 名健康受試者，按隨機順序進行 3 個不同的過夜實驗：一、正常夜間睡眠，早上醒來時飲用含糖飲料；二、受試者夜間睡眠受到干擾，沒能好好睡覺，在早餐時喝同樣的含糖飲料；三、參與者沒睡好，在早餐時，飲用含糖飲料前的三十分鐘，先飲用濃咖啡。結果發現，在缺乏睡眠的情況下，參與者喝下黑咖啡時，血液測試顯示，身體處理血糖的能力明顯變差。研究人員建議，應在咖啡提神與血糖升高兩者之間取得平衡，最好在早餐後喝，而不是早餐前喝咖啡。」

缺陷實驗導致的缺陷建議

　　《NOW 健康》和《風傳媒》都沒有提供這項研究的論文，所以我只好自己去找，發現是一篇 2020 年 11 月 28 號發表的，標題是「醒來時的血糖控制不受夜間每小時睡眠碎片化的影響，但會受到早晨含咖啡因的咖啡的影響」[1]。

　　我看完這篇論文後，發現《NOW 健康》和《風傳媒》犯了同一個錯誤。他們都說受試者飲用「含糖飲料」，但事實上受試者是接受「口服葡萄糖耐量試驗」（oral glucose tolerance test）。這種試驗的目的是要鑑定受試者調節血糖的功能是否正常，而試驗的方法是讓受試者喝下 250cc 含有 75 克葡萄糖的溶液，然後檢查血糖值。雖然用於鑑定血糖的「葡萄糖溶液」的確是含糖，但我想您應當不至於會把它叫做「含糖飲料」吧。至少，您應當不至於會閒來沒事調一杯或買一杯葡萄糖溶液來享用吧。

　　《NOW 健康》還犯了另一個錯誤。儘管它所說「研究人員建議，……最好在早餐後喝，而不是早餐前喝咖啡」，但其實這篇論文完全沒有做出這樣的建議。事實上，這項研究本身也犯了一個錯誤。它缺少了一組很重要的實驗，那就是「正常夜間睡眠，醒來喝咖啡」的實驗。由於沒有這一組實驗，它所得到的結論也只不過是「夜間睡眠受到干擾，醒來喝咖啡，會影

響血糖調節功能」。也就是說，這項研究根本就不可以被解讀為「早上空腹喝咖啡會影響血糖調節功能」。但是，這兩家媒體卻因為引用了這項有缺陷的研究，而給大眾發布了一個有缺陷的建議。

《風傳媒》那篇文章還談到好幾個空腹喝咖啡會造成的問題，但我只討論其中一個，您心裡就應該會有數。《風傳媒》說：「healthline 引述研究指出，咖啡的苦澀味可能會刺激胃酸產生。因此，大部分人認為咖啡會刺激腸胃，加重腸胃不適或胃病症狀（如腸易激綜合症）、導致胃灼熱（俗稱火燒心）、胃潰瘍、噁心、胃酸逆流和消化不良。」您有沒有看到「大部分人認為」？也就是說，所謂的咖啡刺激胃酸產生而引發的種種問題，也只不過就是「大部分人認為」，而非經過科學驗證的。

不管如何，這段文章所說的《健康線上》，指的是 Healthline 網站在 2020 年 1 月 13 號發表的文章，標題是「在空腹時你應該喝咖啡嗎？」[2]，而事實上《風傳媒》那篇文章的內容可以說就是這篇《健康線上》文章的中文翻譯。但是，很不幸的是，《風傳媒》卻選擇報憂不報喜，只採用負面的，而避開正面的。

《健康線上》那篇文章在講述了一些傳說中空腹喝咖啡會造成的問題之後，特別反過來說：「然而，研究未能找到咖啡和消化問題之間的密切關聯——無論你是否空腹喝咖啡」，而它是

引用了一篇 2017 年發表的論文，標題是「咖啡對健康的影響」[3]。

事實上，《健康線上》那篇文章的總結是：「雖然有一些揮之不去的迷思，但幾乎沒有科學證據表明空腹飲用咖啡是有害的。相反，無論您如何飲用，它都可能對您的身體會產生相同的影響。同樣地，如果您在空腹喝咖啡時發生消化問題，請嘗試與食物一起飲用。如果您發現有所改善，那就可能最好相應地調整。」總之，從「空腹喝咖啡有害」這件事就不難看出，台灣有很多媒體總是愛用危言聳聽的手法來吸引關注。

喝咖啡影響 5 種營養素吸收？逐條回應

讀者張先生在我上一段咖啡文章的回應欄留言：「這篇文章（作者為國防醫學院教授、前台北榮民總醫院院長張德明）指出，咖啡會減少維生素 B、D、鈣、鐵、鎂的吸收，請問可信嗎？謝謝。」

讀者張先生提供的這篇文章是 2021 年 2 月 4 號發表在《康健雜誌》，標題是「咖啡喝太多、喝錯時間，影響 5 種營養素吸收」，此文的內容大多是摘取自一篇 2014 年發表的論文，標題是「咖啡因對健康和營養的影響：一項回顧」[4]。這篇論文是發

表在一個叫做《食物科學與品質管理》（Food Science and Quality Management）的期刊。由於這個期刊的水準太低，所以沒被 PubMed 收錄。這篇論文的作者是非洲國家衣索比亞一所大學的講師，名叫斯德克・華爾得（Tsedeke Wolde），他是營養學碩士。至於為什麼張德明前院長會重視這麼一篇低水準的論文，就不得而知了。不管如何，我現在逐條回應他文章裡的「影響 5 種營養素吸收」：

影響一、有關鈣，這篇文章是這麼說：「每喝一杯咖啡約有 5 毫克的鈣會從糞便或小便中排出，通常在喝咖啡數小時之後發生。咖啡也可能影響鈣的吸收以及促使鈣由骨骼中的釋出。不過，根據美國奧勒岡州萊納斯鮑林研究院（Linus Pauling Institute）的報告資料，事實上只要鈣的攝取正常，並沒有充分證據顯示咖啡會影響骨骼的健康。」

我的回應：事實上，萊納斯鮑林研究院的網頁上有這麼一句話：「目前的證據實在是太稀少，以至於無法表明喝咖啡會增加骨質流失和骨折的風險」[5]。所以，「咖啡也可能影響鈣的吸收以及促使鈣由骨骼中的釋出」，實在是杞人憂天。

影響二、有關維生素 D，這篇文章是這麼說：「咖啡因事實

上也是維生素 D 接受體的抑制劑，因此會影響維生素 D 吸收，進而減少骨質密度，造成骨質疏鬆。」

我的回應：維生素 D 受體的功能是將血液中循環的維生素 D 引進細胞裡面。也就是說，維生素 D 受體的作用是發生在維生素 D 吸收之後。所以，「咖啡因是維生素 D 接受體的抑制劑，因此會影響維生素 D 吸收」是一個邏輯錯亂的說法。還有，關於「造成骨質疏鬆」，請再看一次上面那句萊納斯鮑林研究院網頁上的話。

影響三、有關鐵，這篇文章是這麼說：「根據發表在《美國臨床營養期刊》的研究，如果咖啡和餐點併用則鐵的吸收會由 5.88％降到 1.64％（滴濾式咖啡）和 0.97％（即溶咖啡），但若咖啡能在餐點前一小時喝，則吸收不會改變；但即使餐點後一小時喝，則鐵的吸收仍與併用相同，失去分開的意義。」

我的回應：這段文章所說的研究是 1983 年發表的文章，標題是「咖啡抑制食物鐵吸收」[6]。也就是說，這是一篇將近四十歲的老論文。那，為什麼這四十年來沒有更新的論文呢？還有，更重要的是，這四十年來有任何證據顯示喝咖啡會造成貧血嗎？如果沒有，那四十年後還在談論喝咖啡會影響鐵的吸收，又有什麼意義？

影響四、有關維生素 B，這篇文章是這麼說：「咖啡因有利尿作用，這就表示水溶性的維生素包括維生素 B，會因尿量增加而流失，咖啡因甚至會干擾硫胺（Thiamine），又稱維生素 B1 的代謝。不過，咖啡因會增加胃酸分泌，經由增加胃壁細胞分泌的內生因子，反而增強維生素 B12 吸收。」

我的回應：就只不過因為咖啡因有利尿作用，就說喝咖啡會導致維生素 B 流失，是非常幼稚的邏輯。關鍵是在於，有任何證據顯示喝咖啡會導致維生素 B 缺乏嗎？

影響五、有關鎂，這篇文章是這麼說：「根據發表在《生活科學》（Life Sciences）的小型研究，年齡在三十一到七十八歲女性，如果喝咖啡，攝取到每公斤六毫克的咖啡因，則二小時後尿中即會排出鎂、鈣、鈉、氯、鉀、肌酸肝和水。且鈣、鎂在腎小管的重吸收亦下降。」

我的回應：「二小時後尿中即會排出鎂、鈣、鈉、氯、鉀、肌酸肝和水」實在是非常可笑的說法。尿裡面有水，是值得大驚小怪嗎？尿裡面有一些礦物質，是值得大驚小怪嗎？

我的總結回應：要知道，**食物或飲料對健康的影響，是需要全面性的考量，而不是斤斤計較某一特定營養素的吸收或**

流失。只要是對整體健康沒有影響，那麼少吸收一點這個營養素，或多流失一點那個營養素，實在是無需大驚小怪。

2022 年 JAMA 報告：咖啡因與健康

《美國醫學會期刊》（JAMA）在一週前的 2022 年 2 月 15 號才剛發表文章，標題是「咖啡因與健康」[7]，指出咖啡因對健康的正面和負面影響。有關負面的影響，它是這麼說：「咖啡因會導致先前使用少量或沒有使用的個人的血壓暫時升高。咖啡因，特別是高劑量的咖啡因，會導致焦慮，如果在一天中晚些時候攝入，也會導致入睡困難。普通使用者突然停止咖啡因可能會導致戒斷症狀，通常在一到二天達到高峰，包括頭痛、疲勞和情緒低落。由於懷孕期間較高的咖啡因攝入量與較低的嬰兒出生體重有關，因此懷孕期間每天的咖啡因攝入量不應超過 200 毫克。」

所以，這段話完全沒有提起康健雜誌那篇文章所說的「影響 5 種營養素吸收」。這篇 JAMA 文章的最後一段是：「一些研究表明，每天飲用二至五杯標準杯含咖啡因或不含咖啡因的咖啡可降低死亡率。在一些報告中，經常飲用含咖啡因和不含咖啡因的咖啡與降低罹患二型糖尿病和子宮內膜癌的風險有關。

在其他報告中，含咖啡因和不含咖啡因的咖啡與肝癌、膽結石和膽囊癌的風險降低有關，但含咖啡因咖啡的潛在益處更強。飲用含咖啡因的咖啡也與降低帕金森病和肝硬化的風險有關。」

 林教授的科學養生筆記

1. 「早上空腹喝咖啡會影響血糖調節功能」，是因為引用了有缺陷的研究而產生的有缺陷的建議，事實上，幾乎沒有科學證據表明空腹飲用咖啡是有害的

2. 食物或飲料對健康的影響需要全面性的考量。只要是對整體健康沒有影響，那麼少吸收一點這個營養素，或多流失一點那個營養素，無需大驚小怪。

3. 關於咖啡和茶對於健康的影響，優點是確定的，但缺點則是不確定的

4-6

爬樓梯和跑步有害？運動才是最好的藥

#爬樓梯、跑步、關節炎

讀者 Arthur 在 2022 年 1 月 9 號詢問：「教授您好，從這篇新聞『爬樓梯是好運動嗎？』可以看出多位醫師都強調上下樓梯傷膝蓋，甚至『骨科名醫韓毅雄曾形容爬樓梯是最笨的運動』、台安醫院復建科主任鍾佩珍『行醫三十年來從不曾建議病人把爬樓梯當作運動』，這樣說來，爬百岳的人怎麼辦？我也是愛爬山的人（階梯多到懷疑人生），為此傷透腦筋。是否可請教教授，上下階梯很傷膝蓋是真的嗎？非常感謝您！」

爬樓梯是最笨的運動？只是投懶人所好

其實，看到這個提問我是一點都不感到意外，畢竟喜歡危言聳聽，警告不要做這種或那種運動的醫生是比比皆是。例如一位號稱是奧亞運國家代表隊醫師的人就說路跑會導致膝關節

炎，儘管臨床研究一再顯示跑步非但不會增加，反而可能會減少關節炎的風險（收錄在《餐桌上的偽科學 2》83 頁）。「爬樓梯是最笨的運動」的那篇文章是發表在《康健雜誌》，而說「路跑會導致膝關節炎」的那篇文章也是發表在此，所以《康健雜誌》到底有多康健，由此可見一斑。

我也寫過一位號稱是日本名醫的人出書說跑步會危害健康，而可悲的是，凡是勸人家不要運動的文章都是會得到一大堆的讚，而凡是勸人家要運動的文章則只會得到寥寥無幾的讚，沒辦法，懶人總是需要尋找慰藉。我也介紹過 2018 年 11 月 20 號發表的「給美國人的運動指南」（The Physical Activity Guidelines for Americans）。這個指南是美國政府透過美國醫學會發出，其中一而再再而三的提到跑步和爬樓梯都是很好的運動選項。那難道說，美國政府是希望自己的人民不健康？（收錄於《維他命 D 真相》150 頁）。

爬樓梯對身體有益的科學證據

《美國新聞》（US News）也在 2019 年 7 月 29 號發表文章，標題是「爬樓梯運動的好處」[1]。此文一開始先是引用科羅拉多大學「足和踝中心」的醫學主任肯尼斯・杭特（Kenneth Hunt）

說：「爬樓梯可以有效鍛鍊肌肉、改善平衡和促進心血管健康。這種運動形式對大多數健康的人來說通常是安全的，儘管它可能對某些人構成健康風險。例如，如果您的平衡有問題並且容易跌倒，或者您的腳、踝、膝蓋或臀部虛弱、僵硬或疼痛。」這篇文章也引用馬里蘭州黑格斯敦高級骨科中心的物理治療師艾瑞克・山普賽爾（Eric Sampsell）說：「透過加強腿部肌肉和關節，爬樓梯可以轉化為日常活動中功能的改善。爬樓梯還可以提高能量水平，降低患糖尿病、高血壓、心臟病和骨質疏鬆症的風險。」公共醫學圖書館（PubMed）也有收錄幾篇爬樓梯有益健康的論文，例如以下四篇：

一，2002 年的論文，標題是「行動不便的老年人的負重爬樓梯：一項試點研究」[2]。結論：這些研究結果表明，爬樓梯運動可能是家庭鍛鍊計劃的一個有用組成部分，旨在增強下肢肌肉力量、有氧能力和功能表現。

二、2010 年論文，標題是「評論文章：透過選擇點提示增加身體活動——系統評價」[3]。這篇文章在一開始就說：「爬樓梯是一項可以輕鬆融入日常生活並具有積極健康影響的活動。選擇點提示是樓梯和電梯／自動扶梯附近的信息或激勵標誌，旨在增加爬樓梯。」

三、2011 年論文，標題是「基於商場的爬樓梯干預的統計

總結」[4]。這篇文章在一開始就說：「爬樓梯是一項經證實對健康有益的無障礙活動。本文總結了基於商場的爬樓梯干預措施的有效性，同時控制和檢查樓梯／自動扶梯選擇的潛在調節因素。」

四、2017 年論文，標題是「對增加樓梯使用的干預措施的系統評價」[5]。這篇文章在一開始就說：「爬樓梯是一項無障礙活動，可以融入人們的日常生活中，以提高身體活動水平並提供健康益處。本綜述總結了樓梯干預的有效性，並探討了可能影響干預有效性的關鍵差異。」

另外，信譽卓著的梅友診所有發表一篇關於爬樓梯的文章[6]，作者是愛德華‧拉斯寇斯基（Edward Laskowski）醫生。這位醫生是梅友診所運動醫學中心的聯合主任，也是梅友診所醫學院的教授。他說：「爬樓梯是有益健康的實用日常體育活動的一個例子。它還可以燃燒卡路里，在十五分鐘內消耗約六十五卡路里。 以更快的速度前進或攜帶較重的物品可以燃燒更多的卡路里。」所以台灣那位骨科名醫說「爬樓梯是最笨的運動」，能信嗎？

順便說一下，我以前在加州大學上班時，每天都是故意不坐電梯，爬樓梯到六樓的辦公室。我回台灣遇到天氣不好，不能出去跑步時，就上上下下反覆爬公寓的七層樓梯。有興趣的讀者也可以讀一下附錄列出的兩個額外參考資料[7]。

運動是最好的藥，能治療 26 種病

　　我曾寫過多篇文章駁斥那些會讓民眾對運動產生疑慮的網路資訊，但總覺得應該還要進一步讓讀者知道運動對健康的重要，尤其是它能治療多種疾病。我在 2016 年 3 月 18 號創設我的個人網站「科學的養生保健」，五天後就發表了兩篇跟運動有關的文章，分別是「什麼是最好的運動」和「馬總統的伏地挺身」，而到 2021 年 12 月，總共已經發表了 56 篇跟運動相關的文章。在這些文章裡最常出現的一句話就是「均衡飲食，有恆運動」。為什麼我會這麼注重運動？道理很簡單，因為「運動是最好的藥」。

　　為了寫這篇文章我用「鍛鍊」（exercise）和「最好的藥」（best medicine）做谷歌搜索，共搜到琳瑯滿目的數百篇文章，其中這幾篇是比較有來頭的，分別是：哈佛大學的文章，標題是「運動仍然是最好的藥」[8]；《發現雜誌》（Discover Magazine）的文章，標題是「為什麼運動是真正的奇蹟藥」[9]；「長島耳鼻喉健康中心」（Long Island Center for Ear Nose Throat Health），標題是「運動——最好的藥！！」[10]；「慈悲健康系統」（Mercy Health System）的文章，標題是「運動如何可以是最好的藥」[11]；「美國心臟協會」的文章，標題是「保持活躍是「最好的藥」」[12]；「德

州農工大學」（Texas A & M）的文章，標題是「最好的藥：提倡
年長者做運動」[13]。

　　我也在公共醫學圖書館 PubMed 做搜索，搜到這三篇：
　　一、2015 年 11 月 25 號論文，標題是「運動作為藥物——
用運動作為治療 26 種不同慢性疾病處方的證據」[14]。這篇綜述
為讀者提供了最新的循證基礎，用於將運動作為治療 26 種不同
疾病的藥物：精神疾病（憂鬱、焦慮、壓力、精神分裂症）；神
經系統疾病（失智症、帕金森病、多發性硬化症）；代謝疾病
（肥胖、高脂血症、代謝綜合徵、多囊卵巢綜合徵、二型糖尿
病、一型糖尿病）；心血管疾病（高血壓、冠心病、心力衰竭、
腦卒中、間歇性跛行）；肺部疾病（慢性阻塞性肺疾病、哮喘、
囊性纖維化）；肌肉骨骼疾病（骨關節炎、骨質疏鬆症、背痛、
類風濕性關節炎）；和癌症。本文會討論運動療法對發病機制
和症狀的影響，也會討論可能的作用機制。我們會解釋科學文
獻，並且會針對每種疾病為讀者提供有關運動處方的最佳類型
和劑量的最佳建議。
　　二、2021 年 8 月 1 號論文，標題是「運動是免疫功能的
良藥：對 COVID-19 的影響」[15]。本綜述支持體育活動是可以
改善免疫監控，並有可能在三個預防級別對抗 COVID-19 感染

和症狀。在一級預防層面，多項證據支持體育活動是對抗傳染病的免疫系統輔助手段。最近的流行病學研究表明，規律的體育活動與降低 COVID-19 的風險有關，類似關於其他呼吸道感染的報導。雖然仍需要跟 COVID-19 相關的特定研究，但來自其他類型傳染源（如流感）的調查數據支持體育活動在增強 COVID-19 疫苗效力（二級預防水平）方面的潛在作用。人們越來越意識到 COVID-19 可導致某些患者持續發病，而體育訓練和康復（三級預防水平）可用於改善身體素質、生活質量和免疫健康。

三、2021 年 11 月論文，標題是「運動作為年長婦女的藥物」[16]。運動跟保護作用有關，但我國大多數成年女性不符合《美國人運動指南》中規定的體育活動建議。本文討論了運動如何影響疾病並防止功能衰退。也闡明了為什麼運動不是通用的萬能藥，而是醫生可以精確使用以影響無數健康問題的工具。本文將提供有關身體健康評估和綜合治療的細節，以及醫生如何能更多利用運動來保持年長女性患者的健康。

「美國疾病控制中心」有發表一篇文章，標題是「成年人需要多少體育活動？」[17]。文中說：「成年人每週需要進行 150 分鐘兩種類型的體育活動來改善他們的健康狀況——有氧運動和肌力訓練。我們知道每週運動 150 分鐘聽起來很多，但事實

並非如此。如果您每週進行超過 150 分鐘的中等強度活動，或每週超過 75 分鐘的高強度活動或同等組合，您將獲得更多的健康益處」。另外，「美國衛生部」也有發表厚達 56 頁的《美國人運動指南》（第 2 版）[18]。

讀者 Peter Liao 在此文的臉書連結下回應：「感謝教授解答我的疑惑，之前對於我的家庭醫生建議不要太常常運動，每天走走路就可以這個觀點感到疑惑」。我的回應是：「這類醫師不外乎就是本身懶惰，或是想討好客戶。」

 林教授的科學養生筆記

1. 跑步和爬樓梯都是很好的運動選項。所謂「爬樓梯是最笨的運動」，其實是人的問題，而不是爬樓梯的問題
2. 已經有非常多科學報告證實運動可以治療多種疾病，包含免疫功能、心血管、肌肉骨骼、慢性疾病和癌症等等

隔夜菜導致截肢？真相調查

＃敗血症、腦膜炎球菌病、疫苗

　　讀者李先生在 2022 年 2 月 22 號利用來信詢問一則新聞的真假，那是前兩天發表在 TVBS 新聞網的文章，標題是「男子突引發敗血症雙腿遭截肢 罪魁禍首竟是隔夜菜？」

　　雖然這個標題有給自己打了個問號，但它難免還是會讓大家以為吃隔夜菜是很危險，有可能會導致截肢。事實上，「隔夜菜很危險」的傳說已經行之有年，只不過，這些傳言裡的罪魁禍首是亞硝酸鹽，忘記的讀者可以複習一下《餐桌上的偽科學2》第 14 頁。

男子遭截肢，禍首是隔夜菜？

　　TVBS 這篇文章是這麼說：「《新英格蘭醫學期刊》去年刊登的文章，近日因為一支 YouTube 影片受到矚目。文章記載一名

男子吃了朋友的隔夜剩菜後，竟出現致命敗血症，雙腿慘遭截肢。Chubbyemu 在 Youtube 擁有 246 萬位訂閱者，他近日將《新英格蘭醫學期刊》上的離奇事件翻拍成影片，也讓該文章受到媒體關注。綜合外媒報導，該文章指出，一名男子吃下朋友剩的雞肉、米飯和撈麵後，還不到二十四小時，就開始出現急性腹痛、反覆嘔吐、頸部僵硬和呼吸困難等症狀。後來，他的皮膚開始變紫，在朋友陪同下緊急送醫。抵達醫院後，他嚴重高燒，每分心跳速率飆高到 166 下。根據就醫紀錄，男子沒有任何過敏，也有接種必要的疫苗。後來，醫生才在男子的血液中發現腦膜炎雙球菌，使男子發生腎衰竭，出現血栓。此外，醫生也發現該男子雖然在中學前接種第一劑腦膜炎雙球菌疫苗，卻沒有在四年後接種推薦的加強針。醫生後來只能截肢男子膝蓋以下的腿部，以及部分手指。男子於二十六天後才恢復意識。目前仍無法得知食物中出現這種細菌的確切原因。」

隔夜菜報導，媒體誤導之嫌

TVBS 文章裡所說的《新英格蘭醫學期刊》文章，指的是發表於 2021 年 3 月 11 號的一個案例報告，標題是「病例 7-2021：一名患有休克、多器官衰竭和皮疹的十九歲男子」[1]。這個案例報

告的摘要是：「十九歲男子因休克、多器官衰竭和皮疹被送入兒科重症照護室。入院前二十小時，他在吃了餐廳剩飯後出現腹痛和噁心。入院前五小時，皮膚出現紫色變色。做出了管理決策。」

TVBS 文章裡所說的「近日一支 YouTube 影片」，指的是發表於 2022 年 2 月 16 號的影片，標題是「一名學生吃了可疑的剩菜當午餐。這是發生在他四肢的事情」[2]。在這個影片裡，網名叫做 Chubbyemu 的 Dr. Bernard 用紀錄片的手法講解那個發表在《新英格蘭醫學期刊》的案例。在他的敘述裡，有一個很重要的情節，是 TVBS 那篇文章完全沒有提起的。補充：Dr. Bernard 的全名是 Bernard Hsu。他是藥學博士，雙親是從台灣移民到美國。

事實上，TVBS 那篇文章所說的朋友，應當是「室友」才對，而隔夜菜就是這位室友吃剩下來的。Dr. Bernard 說這位室友在吃那份餐館食物時，就已經發生嘔吐。也就是說，那份食物在還沒有被放隔夜之前，就已經是有問題。

醫院檢查那位患者的血液，發現他是被腦膜炎雙球菌感染而發生敗血症，但是他並沒有出現腦膜炎。Dr. Bernard 還說這位患者在十二歲時有接種一劑腦膜炎雙球菌疫苗，但是卻沒有在十六歲時再接種需要間隔兩個月的兩劑疫苗。Dr. Bernard 也說這位患者的室友則是有接種完整的腦膜炎雙球菌疫苗。也就是說，那位室友有得到疫苗的保護，但那位患者則沒有。

事實上，Dr. Bernard 在影片的一開始就說：「我不打算就食物或剩菜來嚇唬任何人。今晚我會吃剩菜，就像我每天都會做的一樣。我馬上會讓你了解，這是一件在完美風暴序列中發生的異常事故。我每個月都會發布一支影片，所以如果你點擊訂閱和通知鈴，我們就可以一起吃剩菜。」所以，Dr. Bernard 開宗明義就說，他本人是天天吃剩菜，也邀請追隨他的粉絲一起吃剩菜。那，為什麼 TVBS 偏偏就要說「患者被截肢的罪魁禍首竟是隔夜菜」？

為什麼媒體老愛抹黑隔夜菜？

上一段文章發表後，有兩位醫師來我的臉書留言。Ming Hung Tsai 醫師說：「台灣電視台有被受訪的醫師、還喜孜孜地分享在群組，我當天就指出新英格蘭雜誌差很多！電視新聞一直在唬人的重點說冰箱剩菜會截肢、訪問一些醫師，要加熱幾度，歪樓了。」皮膚科醫師邱品齊則來跟我說，他也有在自己臉書指出媒體及所謂的專家製造謠言。他說：「現在的新聞大多已經很少探查真相了，再加上很少會深究新聞源頭的專家們，就這樣一錯再錯變成謠言。……記者也用錯誤的內容詢問醫師意見，結果錯導成是食物和腸胃道細菌所致。」

　　題外話，邱品齊醫師的貼文有連結到一篇「壹新聞」在 2022 年 2 月 21 號發表的文章，標題是「吃隔夜雞肉麵引敗血症！英國學生雙腳慘截肢保命」。看到這個標題，真的是啼笑皆非。哪來的英國學生？那位不幸被截肢的人是被送到哈佛大學的教學醫院「麻州總醫院」（Massachusetts General Hospital）治療，而病例記錄顯示他是住在「新英格蘭」（New England）。所謂新英格蘭，指的是美國東北角的六個州（包括麻州）。六百年前英國人（英格蘭人）穿越大西洋來到美洲，開始在這個地區定居，所以這個地區才會被叫做新英格蘭。新英格蘭是美國的一個地區，應該是基本常識啊！身為新聞媒體，怎麼會連這種基本常識都沒有？

　　這個新聞還說：「只是吃個雞肉麵卻導致如此嚴重的後果，不過國內家醫科醫師表示見多了。家醫科醫師劉伯恩：本身細菌濃度就很高的話，尤其是隔夜的時候，它細菌濃度，特別是蛋白質又加上所謂雞肉等等，可能也是有油脂類，就是讓細菌有很好的一個繁殖空間。」見多了隔夜菜導致截肢？劉醫師真的見多了隔夜菜導致截肢？可不可以請他說說他曾經看過多少個案例。

　　那位不幸患者的病例記錄裡有這麼一句話：「患者在入院前二十小時一直很好，當時他在吃了飯、雞肉和撈麵餐廳剩菜後出現了瀰漫性腹痛和噁心。」那位患者最後是被確診罹患「腦膜炎球菌血症引起的暴發性紫瘢病」（Purpura fulminans due to meningococcemia）。

　　根據 CDC 發表的「腦膜炎球菌病」網頁資訊[3]，腦膜炎球菌的潛伏期是一到十天，而最常見的是三到四天。可是，那位患者是在吃了剩菜之後二十小時就開始出現症狀（腹痛和噁心）。由此可見，他是在吃剩菜之前就已經被腦膜炎球菌感染。

　　案例記錄也有說，剩菜是患者的朋友前一晚留下來的，而這位朋友當晚在吃那份餐館食物時就有嘔吐，只不過沒有惡化生病。所以，我們可以推理這位朋友在吃那份食物之前（三、四天前）就已經被腦膜炎球菌感染。

　　一樣，根據 CDC 發表的「腦膜炎球菌病」資訊，腦膜炎球菌是通過呼吸道飛沫或分泌物在人與人之間傳播。細菌會附著在鼻咽和口咽的黏膜細胞上，並在那裡繁殖。在少數情況下（遠低於 1%）細菌會穿透黏膜進入血液而引發全身性疾病。又根據這篇文章，人類是腦膜炎球菌的唯一天然宿主，而在任何特定時間，大約 10% 的青少年和成人是腦膜炎球菌的無症狀帶菌者。我在上一段文章有說，那位患者在十二歲時有接種一劑腦膜炎球菌疫苗，但卻沒有在十六歲時再接種加強劑，而他的室友則是有接種完整的腦膜炎球菌疫苗。所以，這應該就是為什麼室友只發生嘔吐，而患者則發生暴發性紫癜病。

　　從上面所說的這些種種跡象可以推斷，這兩個人應該都是

在吃那份餐館食物之前就已經被腦膜炎球菌感染，只不過室友是有得到疫苗的保護，沒有惡化，而患者則是沒有得到疫苗的保護，從而惡化到需要截肢。

吃剩菜是很普遍的事，畢竟實在很難每次只煮一餐的份量。也因為很普遍的關係，媒體就故意製造和渲染吃剩菜是很危險，如此就能引起民眾的關注，提升點擊率。我就已經發表過兩篇文章，標題分別是「華視：年菜回鍋恐致癌」和「亞硝酸鹽致癌？誤會大了」抨擊媒體對於剩菜報導的無稽之談。當然我心知肚明，跟這些媒體相比，我的文章也只不過是螳臂擋車。事實上，縱然是台北市衛生局也是無濟於事，有興趣的讀者也可以去看他們在 2021 年 2 月 9 號發表的文章，標題是「破解隔夜菜迷思，惜食安心吃」。

 林教授的科學養生筆記

1. 根據官方的案例報告推斷，這兩個人應該都是在吃那份餐館食物之前就已經被腦膜炎球菌感染，只不過室友是有得到疫苗的保護，沒有惡化，而患者則是沒有得到疫苗的保護，從而惡化到需要截肢。跟剩菜毫無關係

2. 吃剩菜是很普遍的事，所以媒體就喜歡故意渲染吃剩菜是很危險，如此就能引起民眾的關注，提升點擊率

附錄：資料來源

掃描二維碼即可檢視
全書附錄網址及原文

前言

1 2022 年 3 月《自然醫學》(Nature Medicine)「一個搖擺流行病：謠言、陰謀論和疫苗猶豫」An epidemic of uncertainty: rumors, conspiracy theories and vaccine hesitancy，https://pubmed.ncbi.nlm.nih.gov/35273403/
2 世界衛生組織「讓我們拉平信息流行病曲線」Let's flatten the infodemic curve，https://www.who.int/news-room/spotlight/let-s-flatten-the-infodemic-curve
3 JMIR Infodemiology 2022 年 3 月「YouTube 上的 COVID-19 和維他命 D 錯誤信息：內容分析」COVID-19 and Vitamin D Misinformation on YouTube: Content Analysis，https://pubmed.ncbi.nlm.nih.gov/35310014/
4 1925 年 3 月「關於學生錯誤信息」ON STUDENT MISINFORMATION，https://pubmed.ncbi.nlm.nih.gov/17816591/）
5 2022 年 4 月「與 COVID-19 相關的（錯誤）信息、恐懼和預防性健康行為」(Mis)Information, Fears and Preventative Health Behaviours Related to COVID-19，https://pubmed.ncbi.nlm.nih.gov/35457406/
6 2020 年 3 月「冠狀病毒瘋狂散播：量化 在 Twitter 的 COVID-19 錯誤信息流行病」Coronavirus Goes Viral: Quantifying the COVID-19 Misinformation Epidemic on Twitter，https://pubmed.ncbi.nlm.nih.gov/32292669/
7 2020 年 7 月「Twitter 大流行病：Twitter 在 COVID-19 大流行期間傳播醫療信息和錯誤信息方面的關鍵角色」The Twitter pandemic: The critical role of Twitter in the dissemination of medical information and misinformation during the COVID-19 pandemic，https://pubmed.ncbi.nlm.nih.gov/32248871/
8 2022 年 3 月「在保持言論自由的同時減少『COVID-19 錯誤信息』」Reducing "COVID-19 Misinformation" While Preserving Free Speech，https://pubmed.ncbi.nlm.nih.gov/35357403/
9 2021 年「虛假信息和流行病：預期生物戰的下一階段」Disinformation and Epidemics: Anticipating the Next Phase of Biowarfare，https://pubmed.ncbi.nlm.nih.gov/33090030/

Part 1　名人、名醫與偽科學

1-1 醫療靈媒的「神奇」西芹汁療法

1 醫療靈媒網站免責申明，https://www.medicalmedium.com/medical-medium-disclaimer

2　BBC，2019 年 9 月 22 號「芹菜汁：如病毒散播的 Instagram『治癒』的大問題」Celery Juice: The big problem with a viral Instagram 'cure'，https://www.bbc.com/news/blogs-trending-49763144）

3　2021 論文，一位高血壓年長男性攝入芹菜汁後的血壓變化，Blood Pressure Change After Celery Juice Ingestion in a Hypertensive Elderly Male，https://pubmed.ncbi.nlm.nih.gov/34987326/

4　JAMA，2022 年 1 月 12 號論文「營養分析被高度追隨的名人發佈在社交媒體帳戶的食品和飲料」Nutritional Analysis of Foods and Beverages Posted in Social Media Accounts of Highly Followed Celebrities，https://pubmed.ncbi.nlm.nih.gov/35019982/

1-2 網球天王與偽科學：再談無麩質飲食利弊

1　麥基爾大學文章，「喬科維奇給誰背書？為什麼？」Djokovic Endorsed Who? Why?，https://www.mcgill.ca/oss/article/health-and-nutrition-pseudoscience/djokovic-endorsed-who-why

2　美國的「國家骨質疏鬆基金會」骨質疏鬆的風險因子，https://www.bonehealthandosteoporosis.org/preventing-fractures/general-facts/bone-basics/are-you-at-risk/

3　2011 年的研究，無麩質食品的價格是一般食品的二到六倍，Limited availability and higher cost of gluten-free foods，https://pubmed.ncbi.nlm.nih.gov/21605198/

4　2015 年的案例報告，非乳糜瀉麩質敏感和生殖毛病，Non-coeliac gluten sensitivity and reproductive disorders，ttps://www.ncbi.nlm.nih.gov/pmc/articles/PMC4600520/

5　Justine Bold 2018 年文章，標題是「探討在沒有乳糜瀉病的情況下避免麩質的動機」An exploration into the motivation for gluten avoidance in the absence of coeliac disease，https://www.ncbi.nlm.nih.gov/pmc/articles/PMC6040027/

6　2015 年論文，「系統性評論：非乳糜瀉麩質敏感」Systematic review: noncoeliac gluten sensitivity，https://pubmed.ncbi.nlm.nih.gov/25753138/

7　UCLA，非乳糜瀉麩質敏感，Non-Celiac Gluten Sensitivity，https://www.uclahealth.org/gastro/celiac/non-celiac-gluten-sensitivity

8　2018 年論文「一般的不孕症患者和患有乳糜瀉的患者可能會鬆一口氣」Infertility patients in general and those with celiac disease may be able to breathe a sigh of relief，https://pubmed.ncbi.nlm.nih.gov/30049415/

9　2020 年論文「用於管理非乳糜瀉疾病的無麩質飲食：硬幣的兩面」Gluten Free Diet for the Management of Non Celiac Diseases: The Two Sides of the Coin，https://pubmed.ncbi.nlm.nih.gov/33066519/

1-4 以油漱口可排毒？純粹的壞科學

1　美國牙科協會對於油拉的聲明，https://www.mouthhealthy.org/en/az-topics/o/oil-pulling

2　2020 年綜述論文「系統性評估：椰子油漱口對改善牙齒衛生和口腔健康的作用」The effect of oil pulling with coconut oil to improve dental hygiene and oral health: A systematic review，https://pubmed.ncbi.nlm.nih.gov/32923724/

3　2018 年《英國牙科期刊》評論「壞科學：以油漱口」BAD SCIENCE: Oil pulling，https://pubmed.ncbi.nlm.nih.gov/29651060/

4　「基於科學的醫學」網站，2014 年 3 月「油拉你的腿」Oil Pulling Your Leg，https://

sciencebasedmedicine.org/oil-pulling-your-leg/

1-5「名醫」的荒唐言論集：雞蛋與臭屁

1　2018 年論文「與補充酒石酸氫膽鹼相比，每天攝入三個雞蛋可在不改變 LDL/HDL 比率的情況下下調膽固醇合成」Intake of 3 Eggs per Day When Compared to a Choline Bitartrate Supplement, Downregulates Cholesterol Synthesis without Changing the LDL/HDL Ratio，https://pubmed.ncbi.nlm.nih.gov/29495288/

2　哈佛大學 2021 年「雞蛋對您的健康有益還是有害？」Are eggs good or bad for your health? https://www.hsph.harvard.edu/news/hsph-in-the-news/are-eggs-good-or-bad-for-your-health/

3　1998 年論文「識別導致人體臭屁氣味的氣體並評估旨在減少這種氣味的裝置」Identification of gases responsible for the odour of human flatus and evaluation of a device purported to reduce this odour，https://pubmed.ncbi.nlm.nih.gov/9771412/

4　2005 論文「號稱可降低臭屁味道的設備的有效性」Effectiveness of devices purported to reduce flatus odor，https://pubmed.ncbi.nlm.nih.gov/15667499/

1-6 氫氣氫水能治病療癌？

1　2019 年論文「氫氣可恢復晚期結直腸癌患者用盡的 CD8 + T 細胞，從而改善預後」Hydrogen gas restores exhausted CD8+ T cells in patients with advanced colorectal cancer to improve prognosis，https://pubmed.ncbi.nlm.nih.gov/30542740/

2　2020 年論文「氫氣激活輔酶 Q10 以恢復耗盡的 CD8 + T 細胞，尤其是 PD-1 + Tim3 + 終末 CD8 + T 細胞，從而導致肺癌患者更好的 nivolumab 結果」Hydrogen gas activates coenzyme Q10 to restore exhausted CD8 + T cells, especially PD-1 + Tim3 + terminal CD8 + T cells, leading to better nivolumab outcomes in patients with lung cancer，https://pubmed.ncbi.nlm.nih.gov/32994821/

1-7 醫學顯影技術的謠言與釋疑

1　2011 年 6 月「輻射今日」https://www.radiologytoday.net/archive/rt0611p18.shtml

2　2011 年 4 月 25 號加州大學舊金山分校「甲狀腺盾的爭議，拜奧茲醫生的節目所賜」The Thyroid Shield Controversy, Courtesy of the "Dr. Oz Show"，https://radiology.ucsf.edu/blog/womens-imaging/the-thyroid-shield-controversy-courtesy-of-the-dr-oz-show

3　《美國放射醫學期刊》2012 年 3 月「乳房 X 光攝影和甲狀腺癌的風險」Mammography and the Risk of Thyroid Cancer，https://www.ajronline.org/doi/full/10.2214/AJR.11.7225

4　奧茲醫生「輻射線的建議」Recommendations on Radiation，https://www.drozshow.com/article/recommendations-radiation-risks

5　奧茲醫生推特 https://twitter.com/droz/status/1131266549787103233

6　輻射劑量文章：https://www.insidescience.org/sites/default/files/hiroshima-radiation.pdf

7　《英國醫學期刊》2014 年論文「不要讓輻射恐嚇扼殺患者護理：你有 10 種方法讓診斷攝影輻射誘發癌症的恐懼傷害到患者」Don't let radiation scare trump patient care: 10 ways you can harm your patients by fear of radiation-induced cancer from diagnostic

imaging，https://thorax.bmj.com/content/thoraxjnl/69/8/782.full.pdf
8 「美國醫學物理學家協會」American Association of Physicists in Medicine）聲明 https://www.aapm.org/org/policies/details.asp?id=2548
9 2020 年 1 月 15 號 KHN「不用 X 光護罩：科學如何重新思考鉛圍兜」No Shield From X-Rays: How Science Is Rethinking Lead Aprons，https://khn.org/news/no-shield-from-x-rays-how-science-is-rethinking-lead-aprons/

1-8 低劑量電腦斷層（LDCT）的危險須知

1 「台灣肺癌高風險非吸煙者低劑量電腦斷層掃描篩檢研究」Low Dose Computed Tomography Screening Study in Non-smokers With Risk Factors for Lung Cancer in Taiwan，https://clinicaltrials.gov/ct2/show/NCT02611570
2 2018 年初步結果「在台灣的國家肺篩檢計劃」National Lung Screening Program in Taiwan，https://www.jto.org/article/S1556-0864(18)31114-6/pdf
3 JAMA 2022 年 1 月 18 號「斷層掃描篩檢的促銷與亞洲女性肺癌過度診斷的關聯」Association of Computed Tomographic Screening Promotion With Lung Cancer Overdiagnosis Among Asian Women，https://jamanetwork.com/journals/jamainternalmedicine/fullarticle/2788296

1-9 首席品水師提倡的喝水迷思

1 梅友診所發布的喝水資訊，https://www.mayoclinic.org/healthy-lifestyle/nutrition-and-healthy-eating/in-depth/water/art-20044256?p=1
2 WebMD 喝水資訊，https://www.webmd.com/parenting/features/healthy-beverages#1
3 美國國家科學、工程和醫學研究所，https://www.nap.edu/catalog/10925/dietary-reference-intakes-for-water-potassium-sodium-chloride-and-sulfate
4 2021 年 11 月 16 號論文「咖啡和茶的攝入量以及患中風、失智和中風後失智的風險：英國生物銀行的一項隊列研究」Consumption of coffee and tea and risk of developing stroke, dementia, and poststroke dementia: A cohort study in the UK Biobank，https://pubmed.ncbi.nlm.nih.gov/34784347/

1-10 再談橄欖油與炸油選擇

1 三篇油品比較的參考資料：一、https://en.wikipedia.org/wiki/Template:Smoke_point_of_cooking_oils；二、https://www.jessicagavin.com/smoke-points-cooking-oils/；三、https://virginolivebanaama.blogspot.com/2015/01/smoke-point-of-extra-virgin-olive-oil.html
2 2018 年論文「不同商品油在加熱過程中的化學和物理變化評估」Evaluation of Chemical and Physical Changes in Different Commercial Oils during Heating，https://actascientific.com/ASNH/pdf/ASNH-02-0083.pdf
3 2018 年論文「用抗氧化劑提高煎炸油的氧化穩定性和保質期」Enhancing oxidative stability and shelf life of frying oils with antioxidants，https://www.aocs.org/stay-informed/inform-magazine/featured-articles/enhancing-oxidative-stability-and-shelf-life-of-frying-oils-with-antioxidants-september-2018?SSO=True

4 「五種做天婦羅最好的油」The 5 Best Oils For Tempura，https://foodsguy.com/best-oils-for-tempura/

5 「你可以用橄欖油油炸嗎？」Can You Deep Fry With Olive Oil? https://culinarylore.com/food-myths:can-you-deep-fry-with-olive-oil/

Part 2　新冠疫情與疫苗謠言

2-1 清冠一號，防疫中藥的隱晦真相

1 2021年1月「透過多種途徑靶向COVID-19的中藥配方NRICM101：從臨床到基礎的研究」A traditional Chinese medicine formula NRICM101 to target COVID-19 through multiple pathways: A bedside-to-bench study，https://pubmed.ncbi.nlm.nih.gov/33249281/

2 2022 年 4 月 25 號，外交部網站「中藥抗疫藥方：台灣清冠一號」A TCM Prescription for Covid: Taiwan's NRICM101，https://nspp.mofa.gov.tw/nsppe/news.php?post=217952&unit=410&unitname=Stories&postname=A-TCM-Prescription-for-Covid:-Taiwan%E2%80%99s-NRICM101

3 2022 年 4 月《新英格蘭醫學期刊》「口服 Nirmatrelvir 用於 Covid-19 的高危非住院成人」Oral Nirmatrelvir for High-Risk, Nonhospitalized Adults with Covid-19，https://pubmed.ncbi.nlm.nih.gov/35172054/

4 2022 年 2 月《新英格蘭醫學期刊》「Molnupiravir 用於非住院患者 Covid-19 的口服治療 」Molnupiravir for Oral Treatment of Covid-19 in Nonhospitalized Patients，https://pubmed.ncbi.nlm.nih.gov/34914868/

2-2 新冠口服藥：輝瑞與默克的優劣與禁忌

1 2022 年 4 月 7 號論文「創新的隨機一期研究和給藥方案選擇以加速和告知 Nirmatrelvir 的關鍵 COVID-19 試驗」Innovative Randomized Phase 1 Study and Dosing Regimen Selection to Accelerate and Inform Pivotal COVID-19 Trial of Nirmatrelvir，https://pubmed.ncbi.nlm.nih.gov/35388471/

2 美 國 國 家 健 康 研 究 院 文 章, Ritonavir-Boosted Nirmatrelvir (Paxlovid)，https://www.covid19treatmentguidelines.nih.gov/therapies/antiviral-therapy/ritonavir-boosted-nirmatrelvir--paxlovid-/

3 Josh Bloom，現在有二種新的 COVID 抗病毒藥物。哪個適合你？There Are Now 2 New COVID Antivirals. Which One's For You? https://www.acsh.org/news/2021/12/30/there-are-now-2-new-covid-antivirals-which-ones-you-16026

4 2021 年 8 月論文，β-d-N4- 羥基胞苷通過致死誘變抑制 SARS-CoV-2，但對哺乳動物細胞也具有誘變作用，β-d-N4-hydroxycytidine Inhibits SARS-CoV-2 Through Lethal Mutagenesis But Is Also Mutagenic To Mammalian Cells，https://pubmed.ncbi.nlm.nih.gov/33961695/

5 《新英格蘭醫學期刊》2022 年 3 月 31 號論文「Molnupiravir 用於非住院患者的 Covid-19」

Molnupiravir for Covid-19 in Nonhospitalized Patients，https://www.nejm.org/doi/full/10.1056/NEJMc2201612?query=recirc_curatedRelated_article

2-3 老藥新用：無鬱寧 & NAC 抗疫效果分析

1 美國 FDA 備忘「備忘錄解釋拒絕申請馬來酸氟伏沙明緊急使用授權的依據」Memorandum Explaining Basis for Declining Request for Emergency Use Authorization of Fluvoxamine Maleate，https://www.accessdata.fda.gov/drugsatfda_docs/nda/2020/EUA%20110%20Fluvoxamine%20Decisional%20Memo_Redacted.pdf

2 JAMA 2020 年 12 月 8 號「有症狀 COVID-19 門診患者的氟伏沙明 vs 安慰劑和臨床惡化：一項隨機臨床試驗」Fluvoxamine vs Placebo and Clinical Deterioration in Outpatients With Symptomatic COVID-19: A Randomized Clinical Trial，https://pubmed.ncbi.nlm.nih.gov/33180097/

3 JAMA 2021 年 11 月 1 號「COVID-19 處方選擇性血清素再攝取抑製劑抗抑鬱藥患者的死亡風險」Mortality Risk Among Patients With COVID-19 Prescribed Selective Serotonin Reuptake Inhibitor Antidepressants，https://pubmed.ncbi.nlm.nih.gov/34779847/

4 《刺胳針》2022 年 1 月 1 號「氟伏沙明早期治療對 COVID-19 患者急診和住院風險的影響：TOGETHER 隨機平台臨床試驗」Effect of early treatment with fluvoxamine on risk of emergency care and hospitalisation among patients with COVID-19: the TOGETHER randomised, platform clinical trial，https://pubmed.ncbi.nlm.nih.gov/34717820/

5 2022 年 1 月 27 日「使用高劑量 N- 乙醯半胱氨酸作為 COVID-19 住院患者的口服治療」Use of N-Acetylcysteine at high doses as an oral treatment for patients hospitalized with COVID-19，https://pubmed.ncbi.nlm.nih.gov/35084258/

6 2021 年 6 月「用 N- 乙醯半胱氨酸治療由 2019 年冠狀病毒病 (COVID-19) 引起的嚴重急性呼吸系統綜合症的雙盲、隨機、安慰劑對照試驗」Double-blind, Randomized, Placebo-controlled Trial With N-acetylcysteine for Treatment of Severe Acute Respiratory Syndrome Caused by Coronavirus Disease 2019 (COVID-19)，https://pubmed.ncbi.nlm.nih.gov/32964918/

7 2021 年 6 月「輕中度 COVID19 相關急性呼吸窘迫綜合徵患者靜脈注射 N- 乙醯半胱氨酸的初步研究」A pilot study on intravenous N-Acetylcysteine treatment in patients with mild-to-moderate COVID19-associated acute respiratory distress syndrome，https://www.ncbi.nlm.nih.gov/pmc/articles/PMC8191712/

8 2021 年 2 月「N- 乙醯 -l- 半胱氨酸對 SARS-CoV-2 肺炎及其後遺症的影響：一項大型隊列研究的結果」Impact of N-acetyl-l-cysteine on SARS-CoV-2 pneumonia and its sequelae: results from a large cohort study，https://pubmed.ncbi.nlm.nih.gov/35136824/

9 2021 年 11 月論文「N- 乙醯半胱氨酸降低 COVID-19 肺炎患者機械通氣和死亡率的風險：一項兩中心回顧性隊列研究」N-acetyl-cysteine reduces the risk for mechanical ventilation and mortality in patients with COVID-19 pneumonia: a two-center retrospective cohort study，https://pubmed.ncbi.nlm.nih.gov/34182881/

10 2022 年 3 月「靜脈注射 N- 乙醯半胱氨酸治療 COVID-19：病例系列」Intravenous N-Acetylcysteine in Management of COVID-19: A Case Series，https://pubmed.ncbi.

nlm.nih.gov/35331045/

11. 2022 年 1 月「老藥新用抗氧化劑和抗炎劑 N- 乙醯半胱氨酸治療 COVID-19」Repurposing the antioxidant and anti-inflammatory agent N-acetyl cysteine for treating COVID-19，https://pubmed.ncbi.nlm.nih.gov/35117973/

2-4 伊維菌素抗疫，充滿爭議

1 《美國治療學雜誌》「證明伊維菌素預防和治療新冠肺炎效果的新證據回顧」Review of the Emerging Evidence Demonstrating the Efficacy of Ivermectin in the Prophylaxis and Treatment of COVID-19，https://www.ncbi.nlm.nih.gov/pmc/articles/PMC8088823/

2 《藥理學前沿》2021 年 3 月 2 號聲明，https://blog.frontiersin.org/2021/03/02/2-march-2021-media-statement

3 《基於證據的醫學》2021 年 4 月 22 號論文「伊維菌素治療新冠肺炎的誤導性臨床證據和系統評價」Misleading clinical evidence and systematic reviews on ivermectin for COVID-19，https://ebm.bmj.com/content/early/2021/05/26/bmjebm-2021-111678.long

4 「伊維菌素和新冠肺炎：讓我們保持一個健康的觀點」Ivermectin & COVID-19: Let's keep a One Health perspective，https://www.sciencedirect.com/science/article/pii/S2352554121000656

5 2022 年 1 月 17 號，《開放論壇傳染病》期刊「用於 COVID-19 的伊維菌素：檢討潛在的偏見和醫療欺詐」Ivermectin for COVID-19: Addressing Potential Bias and Medical Fraud，https://academic.oup.com/ofid/article/9/2/ofab645/6509922?login=false

6 英國《衛報》「我的伊維菌素研究如何導致推特死亡威脅」How my ivermectin research led to Twitter death threats，https://www.theguardian.com/world/2021/oct/13/how-my-ivermectin-research-led-to-twitter-death-threats

7 《開放論壇傳染病》期刊「伊維菌素治療 SARS-CoV-2 感染的隨機試驗薈萃分析」Meta-analysis of Randomized Trials of Ivermectin to Treat SARS-CoV-2 Infection，https://academic.oup.com/ofid/article/8/11/ofab358/6316214

8 《開放論壇傳染病》「表達關切」Expression of Concern，https://academic.oup.com/ofid/article/8/8/ofab394/6346765?login=false

9 伊朗的論文「伊維菌素作為住院成人 COVID-19 患者的輔助治療：隨機多中心臨床試驗」Ivermectin as an adjunct treatment for hospitalized adult COVID-19 patients: A randomized multi-center clinical trial.

10 土耳其的的論文，「評估在重症 COVID-19 患者中添加伊維菌素的有效性和安全性」Evaluation of the effectiveness and safety of adding ivermectin to treatment in severe COVID-19 patients，https://bmcinfectdis.biomedcentral.com/articles/10.1186/s12879-021-06104-9#:~:text=Conclusions,patients%20with%20severe%20COVID%2D19）

11 伊拉克的論文「伊拉克巴格達使用伊維菌素和強力黴素治療 COVID-19 患者的對照隨機臨床試驗」Controlled randomized clinical trial on using Ivermectin with Doxycycline for treating COVID-19 patients in Baghdad, Iraq，https://www.medrxiv.org/content/10.1101/2020.10.26.20219345v1.full）

12 埃及論文「伊維菌素治療和預防 COVID-19 疫情的療效和安全性」Efficacy and Safety of Ivermectin for Treatment and prophylaxis of COVID-19 Pandemic，https://assets.

researchsquare.com/files/rs-100956/v2/c11416a2-d0bd-494f-abc8-3cbf8c605b10.
pdf?c=1631861037

13 黎巴嫩的論文「單劑量伊維菌素對無症狀 SARS-CoV-2 感染受試者病毒和臨床結果的影響：黎巴嫩臨床試驗」Effects of a Single Dose of Ivermectin on Viral and Clinical Outcomes in Asymptomatic SARS-CoV-2 Infected Subjects: A Pilot Clinical Trial in Lebanon，https://pubmed.ncbi.nlm.nih.gov/34073401/

14 JAMA 2022 年 3 月 21 號「在類圓線蟲病高發和低發地區使用伊維菌素治療 COVID-19 的臨床試驗的比較：薈萃分析」Comparison of Trials Using Ivermectin for COVID-19 Between Regions With High and Low Prevalence of Strongyloidiasis：A Meta-analysis，https://pubmed.ncbi.nlm.nih.gov/35311963/

2-5 mRNA 疫苗發明者的爭議與釋疑

1 Treatment of covid-19 with ivermectin + fluvoxamine combination，https://medicalupdateonline.com/2021/06/treatment-of-covid-19-with-ivermectin-fluvoxamine-combination/

2 《科學轉化醫學》期刊「刺突蛋白行為」Spike Protein Behavior，https://www.science.org/content/blog-post/spike-protein-behavior

3 https://byrambridle.com/

4 事實查核網站 POLITIFACT「沒有跡象顯示新冠疫苗的刺突蛋白具有毒性或『細胞毒性』」No sign that the COVID-19 vaccines' spike protein is toxic or 'cytotoxic'，https://www.politifact.com/factchecks/2021/jun/16/youtube-videos/no-sign-covid-19-vaccines-spike-protein-toxic-or-c/

5 「mRNA 的故事：一個曾經被唾棄的想法如何成為 Covid 疫苗競賽中的領先技術」The story of mRNA: How a once-dismissed idea became a leading technology in the Covid vaccine race，https://www.statnews.com/2020/11/10/the-story-of-mrna-how-a-once-dismissed-idea-became-a-leading-technology-in-the-covid-vaccine-race/

6 CNN 2020 年 12 月 16 號「她被降職、懷疑和拒絕。 現在，她的工作是 Covid-19 疫苗的基礎」She was demoted, doubted and rejected. Now, her work is the basis of the Covid-19 vaccine，https://edition.cnn.com/2020/12/16/us/katalin-kariko-covid-19-vaccine-scientist-trnd/index.html

7 mRNA 疫苗糾纏的歷史」The tangled history of mRNA vaccines，https://www.nature.com/articles/d41586-021-02483-w

8 1989 年「陽離子脂質體介導的 RNA 轉染」Cationic liposome-mediated RNA transfection，https://pubmed.ncbi.nlm.nih.gov/2762315/

9 「將基因直接轉移到活體小鼠肌肉中」Direct gene transfer into mouse muscle in vivo，https://pubmed.ncbi.nlm.nih.gov/1690918/

10 《大西洋雜誌》「疫苗科學家傳播疫苗錯誤信息 The Vaccine Scientist Spreading Vaccine Misinformation，https://www.theatlantic.com/science/archive/2021/08/robert-malone-vaccine-inventor-vaccine-skeptic/619734/

2-6 散播疫苗謠言的專家學者

1 2021 年 3 月 12 號《美聯社》「影片散播有關，新冠疫苗的虛假信息」Video spreads false information about COVID-19 vaccines，https://apnews.com/article/fact-checking-afs:Content:10007890098

2 《愛爾蘭時報》「都柏林大學教授 Dolores Cahill 被解除教職」UCD professor Dolores Cahill moved from lecturer role，https://www.irishtimes.com/news/education/ucd-professor-dolores-cahill-moved-from-lecturer-role-1.4514141

3 《愛爾蘭時報》「都柏林大學學者多洛雷斯·卡希爾辭去愛爾蘭自由黨主席職務」UCD academic Dolores Cahill resigns as chair of Irish Freedom Party，https://www.irishtimes.com/news/ireland/irish-news/ucd-academic-dolores-cahill-resigns-as-chair-of-irish-freedom-party-1.4517109

4 《愛爾蘭時報》「一位都柏林大學教授是如何成為錯誤信息的主要傳播者?」How did a UCD professor become a leading purveyor of misinformation? https://www.irishtimes.com/life-and-style/people/how-did-a-ucd-professor-become-a-leading-purveyor-of-misinformation-1.4520998?mode=sample&auth-failed=1&pw-origin=https%3A%2F%2Fwww.irishtimes.com%2Flife-and-style%2Fpeople%2Fhow-did-a-ucd-professor-become-a-leading-purveyor-of-misinformation-1.4520998

5 《路透社》「那位成為反疫苗英雄的前輝瑞科學家」The ex-Pfizer scientist who became an anti-vax hero，https://www.reuters.com/article/factcheck-health-coronavirus/fact-check-fact-check-ex-pfizer-scientist-repeats-covid-19-vaccine-misinformation-in-recorded-speech-idUSL2N2N72CS

6 路透社「事實核查:前輝瑞科學家在錄音演講中重複新冠疫苗錯誤信息」Fact Check-Fact check: Ex-Pfizer scientist repeats COVID-19 vaccine misinfo rmation in recorded speech，https://www.reuters.com/investigates/special-report/health-coronavirus-vaccines-skeptic/

7 大衛·戈斯基（David Gorski）醫生「被新冠疫苗『滅除人口』?」"Depopulation" by COVID-19 vaccines? https://sciencebasedmedicine.org/depopulation-by-covid-19-vaccines/

8 《坦帕灣時報》「宣講陰謀:冠狀病毒使坦帕牧師的信仰成為主流聚光燈」Preaching conspiracies: Coronavirus puts Tampa pastor's beliefs into mainstream spotlight，https://www.tampabay.com/news/health/2020/04/16/preaching-conspiracies-coronavirus-puts-tampa-pastors-beliefs-into-mainstream-spotlight/

9 醫療資訊網站 Medpagetoday 在 2021 年 1 月 21 號發表的報導「西蒙尼·戈爾德因參與國會暴動而被捕」Simone Gold Arrested for Role in Capitol Insurrection，https://www.medpagetoday.com/washington-watch/washington-watch/90778；The Guardian 網站，2021 年 1 月 22 日「故意的無知:參加國會大廈攻擊的醫生因新冠謊言而受到譴責」Wilful ignorance': doctor who joined Capitol attack condemned for Covid falsehoods，https://www.theguardian.com/us-news/2021/jan/22/coronavirus-misinformation-simone-gold-americas-frontline-doctors

10 雪松 - 西奈醫院的聲明，https://www.cedars-sinai.org/newsroom/cedars-sinai-statement-july-29-2020/

11 Mother Jones 網站「醫生、律師、叛亂者:西蒙尼·戈爾德的激進化」Doctor, Lawyer, Insurrectionist: The Radicalization of Simone Gold，https://www.motherjones.com/politics/2021/05/doctor-lawyer-insurrectionist-the-radicalization-of-simone-gold/

2-7 新冠疫苗的副作用探討，痛風與紅斑性狼瘡

1　《今日足病學》「疫苗會導致痛風發作嗎？」Can Vaccines Contribute To Gout Flares? https://www.hmpgloballearningnetwork.com/site/podiatry/blogged/can-vaccines-contribute-gout-flares

2　Mercy Hospital「我的老年患者在接種 COVID-19 疫苗幾天後出現了痛風發作。疫苗接種和痛風發作之間有關聯嗎？」MY ELDERLY PATIENT DEVELOPED A FLARE-UP OF HER GOUT FEW DAYS AFTER RECEIVING COVID-19 VACCINE. IS THERE A CONNECTION BETWEEN IMMUNIZATION AND GOUT FLARE? https://pearls4peers.com/2021/03/16/my-elderly-patient-developed-a-flare-up-of-her-gout-few-days-after-receiving-covid-19-vaccine-is-there-a-connection-between-immunization-and-gout-flare/

3　2019 年論文「接種疫苗後痛風發作的風險：前瞻性病例交叉研究」Risk of gout flares after vaccination: a prospective case cross-over study，https://ard.bmj.com/content/78/11/1601

4　1999 年回顧性的論文「免疫接種會導致結締組織病嗎？系統性紅斑狼瘡 5 例報告及文獻複習」Can immunization precipitate connective tissue disease? Report of five cases of systemic lupus erythematosus and review of the literature，https://pubmed.ncbi.nlm.nih.gov/10622677/

5　2001 年回顧性的論文「疫苗接種和系統性紅斑狼瘡：雙向困境」Vaccination and systemic lupus erythematosus: the bidirectional dilemmas，https://pubmed.ncbi.nlm.nih.gov/11315360/

6　2017 年回顧性論文「系統性紅斑狼瘡和類風濕性關節炎的疫苗接種和風險：系統評價和薈萃分析」Vaccinations and risk of systemic lupus erythematosus and rheumatoid arthritis: A systematic review and meta-analysis，https://pubmed.ncbi.nlm.nih.gov/28483543/

7　2017 年回顧性論文「疫苗接種和自身免疫性疾病：預防不良健康影響即將來臨？」Vaccination and autoimmune diseases: is prevention of adverse health effects on the horizon?，https://pubmed.ncbi.nlm.nih.gov/29021840/

8　2021 年論文「SARS-CoV-2 疫苗接種後紅斑性狼瘡患者的免疫反應和疾病狀態評估」Evaluation of Immune Response and Disease Status in SLE Patients Following SARS-CoV-2 Vaccination，https://pubmed.ncbi.nlm.nih.gov/34347939/

9　2021 年 9 月論文「系統性紅斑狼瘡患者對 COVID-19 疫苗的耐受性：國際 VACOLUP 研究」Tolerance of COVID-19 vaccination in patients with systemic lupus erythematosus: the international VACOLUP study，https://www.thelancet.com/journals/lanrhe/article/PIIS2665-9913(21)00221-6/fulltext#%20

10　風濕病醫學會建議，http://www.rheumatology.org.tw/health/health_covid19.asp）

2-8 正確解讀「疫苗不良事件通報系統」

1　美國「疫苗不良事件通報系統」VAERS 官方介紹，https://vaers.hhs.gov/about.html

2　2021 年 5 月 26 號《科學期刊》「反疫苗人士使用政府的副作用數據庫來嚇唬公眾」Science：Antivaccine activists use a government database on side effects to scare the public，https://www.science.org/content/article/antivaccine-activists-use-government-database-side-effects-scare-public）

3　2021 年 10 月 4 號，Consumer Reports 網站「政府數據如何被濫用來質疑 COVID-19 疫

苗的安全性」How Government Data Is Being Misused to Question COVID-19 Vaccine Safety，https://www.consumerreports.org/misinformation/government-data-misused-to-question-covid-19-vaccine-safety-a1167679946/

4 2021 年 10 月 4 號，《路透社》「事實查核 –VAERS 數據並未表明分析聲稱的 COVID-19 疫苗導致 150,000 人死亡」Fact Check-VAERS data does not suggest COVID-19 vaccines killed 150,000 people, as analysis claims，https://www.reuters.com/article/factcheck-coronavirus-usa/fact-check-vaers-data-does-not-suggest-covid-19-vaccines-killed-150000-people-as-analysis-claims-idUSL1N2R00KP）

5 2021 年 10 月 5 號，Poynter 網站「聲稱數百萬人死於 COVID-19 疫苗是沒有根據的」Claims that millions of people have died from the COVID-19 vaccine are unfounded，https://www.poynter.org/fact-checking/2021/claims-that-millions-of-people-have-died-from-the-covid-19-vaccine-are-unfounded/

6 台灣版的 VAERS，https://www.cdc.gov.tw/Category/MPage/Q8n9n-Q4aBpRrGnKVGFkng

7 End Points News 2022 年 3 月 2 號「FDA 開始法院強制發布數千頁關於輝瑞 Covid-19 疫苗審查的信息」FDA begins court-mandated release of thousands of pages on Pfizer's Covid-19 vaccine review，https://endpts.com/fda-begins-court-mandated-release-of-thousands-of-pages-on-pfizers-covid-19-vaccine-review/

8 End Points News「輝瑞希望幫助 FDA 有關該公司的 Covid-19 疫苗數據新的、法院強制的四百到五百萬美元的 FOIA 發布」Pfizer wants to help the FDA with its new, court-mandated $4-5M FOIA release on the company's Covid-19 vaccine data，https://endpts.com/pfizer-wants-to-help-the-fda-with-its-new-court-mandated-4-5m-foia-release-on-the-companys-covid-19-vaccine-data/

9 PHMPT 的官網：https://phmpt.org/

10 PHMPT「授權後不良事件報告的累積分析」Cumulative Analysis of Post-authorization Adverse Event Reports，https://phmpt.org/wp-content/uploads/2021/11/5.3.6-postmarketing-experience.pdf

11 「疫苗不良事件通報系統」Vaccine Adverse Event Reporting System，https://vaers.hhs.gov/about.html

Part 3 保健食品檢驗站

3-1 巴西蘑菇療癌？木鱉果護眼？效果查證

1 2012 年論文「巴西蘑菇和年長女性炎症介質：隨機臨床試驗」Agaricus blazei Murrill and inflammatory mediators in elderly women: a randomized clinical trial，https://pubmed.ncbi.nlm.nih.gov/22010847/

2 2015 年論文「基於巴西蘑菇萃取物的 AndoSan 對接受高劑量化療和自體幹細胞移植的多發性骨髓瘤患者的免疫調節作用：一項隨機、雙盲臨床研究」Immunomodulatory effects of the Agaricus blazei Murrill-based mushroom extract AndoSan in patients with multiple myeloma undergoing high dose chemotherapy and autologous stem cell transplantation: a randomized, double blinded clinical study，https://pubmed.ncbi.nlm.nih.gov/25664323/

3　2011 年論文 https://www.ncbi.nlm.nih.gov/pmc/articles/PMC3168293/
4　2002 年論文「補充木鱉果（gac）30 天後，兒童的血漿 β- 胡蘿蔔素和視黃醇濃度增加」Plasma beta-carotene and retinol concentrations of children increase after a 30-d supplementation with the fruit Momordica cochinchinensis（gac），https://pubmed.ncbi. nlm.nih.gov/11976161/
5　2004 年論文「gac（木鱉）的脂肪酸和類胡蘿蔔素組成」Fatty acid and carotenoid composition of gac (Momordica cochinchinensis Spreng) fruit，https://pubmed.ncbi. nlm.nih.gov/14733508/

3-2 藥師的假科學真廣告：乳清蛋白與花青素分析

1　美國皮膚病學會，https://www.aad.org/public/diseases/psoriasis
2　國家乾癬病基金會，https://www.psoriasis.org/about-psoriasis/
3　2004 年論文「用於夜視的山桑子花青素 —— 安慰劑對照試驗的系統評價」Anthocyanosides of Vaccinium myrtillus（bilberry）for night vision–a systematic review of placebo-controlled trials，https://pubmed.ncbi.nlm.nih.gov/14711439/

3-3 魚油，最新科學證據

1　2021 年 6 月 16 號論文「Omega-3 多不飽和脂肪酸通過產生 LOX 和 CYP450 脂質介質來預防炎症：與重度憂鬱症和人類海馬神經發生的相關性」Omega-3 polyunsaturated fatty acids protect against inflammation through production of LOX and CYP450 lipid mediators: relevance for major depression and for human hippocampal neurogenesis，https://pubmed.ncbi.nlm.nih.gov/34131267/
2　2009 年論文「補充 omega-3 長鏈多不飽和脂肪酸對憂鬱症似乎有療效是因為 EPA 而不是 DHA：來自隨機對照試驗薈萃分析的證據」EPA but not DHA appears to be responsible for the efficacy of omega-3 long chain polyunsaturated fatty acid supplementation in depression: evidence from a meta-analysis of randomized controlled trials，https:// pubmed.ncbi.nlm.nih.gov/20439549/
3　2021 年 11 月 24 號考科藍數據庫系統評價「Omega-3 脂肪酸之用於成人憂鬱症」Omega-3 fatty acids for depression in adults，https://pubmed.ncbi.nlm.nih.gov/34817851/
4　2021 年 12 月 21 號 JAMA「長期補充海洋 Omega-3 脂肪酸與安慰劑對憂鬱風險或臨床相關憂鬱症狀以及情緒變化評分的影響」（註 4：Effect of Long-term Supplementation With Marine Omega-3 Fatty Acids vs Placebo on Risk of Depression or Clinically Relevant Depressive Symptoms and on Change in Mood Scores，https://pubmed.ncbi.nlm.nih. gov/34932079/

3-4 補充睪固酮與 DHEA 的風險須知

1　2020 年 11 月綜述論文「T 試驗的反思」Reflections on the T Trials，https://pubmed.ncbi. nlm.nih.gov/32902162/
2　六篇有關睪固酮補充療法指導原則的論文：
　一、https://pubmed.ncbi.nlm.nih.gov/32409202/

二、https://pubmed.ncbi.nlm.nih.gov/32026626/
三、https://pubmed.ncbi.nlm.nih.gov/31495240/
四、https://pubmed.ncbi.nlm.nih.gov/31495240/
五、https://pubmed.ncbi.nlm.nih.gov/31351915/
六、https://pubmed.ncbi.nlm.nih.gov/30828436/

3　梅友診所的 DHEA 說明：https://www.mayoclinic.org/drugs-supplements-dhea/art-20364199

3-5 阿拉伯糖和寡醣對身體有益？科學調查

1　1996 年論文「L- 阿拉伯糖以非競爭性的方式選擇性抑制腸道蔗糖酶並抑制動物攝入蔗糖後的血糖反應」L-arabinose selectively inhibits intestinal sucrase in an uncompetitive manner and suppresses glycemic response after sucrose ingestion in animals，https://pubmed.ncbi.nlm.nih.gov/8931641/

2　日本團隊「決定 EIS 複合物的短暫時期和研究 L- 阿拉伯糖對健康成人血糖水平的抑製作用」Determination of the transient period of the EIS complex and investigation of the suppression of blood glucose levels by L-Arabinose in healthy adults，https://pubmed.ncbi.nlm.nih.gov/21165628/

3　丹麥團隊「L- 阿拉伯糖對腸道蔗糖酶活性的影響：體外和人體的劑量反應研究」The effects of L-arabinose on intestinal sucrase activity: dose-response studies in vitro and in humans，https://pubmed.ncbi.nlm.nih.gov/21677059/

4　2015 年丹麥團隊「添加了 L- 阿拉伯糖的混合飲食不會改變健康受試者的血糖或胰島素反應」A mixed diet supplemented with L-arabinose does not alter glycaemic or insulinaemic responses in healthy human subjects，https://pubmed.ncbi.nlm.nih.gov/25400106/

5　2016 年綜述論文「寡糖：大自然的福音」Oligosaccharides: a boon from nature's desk，https://pubmed.ncbi.nlm.nih.gov/27699701/

6　歐洲食品安全局，Scientific Opinion on the substantiation of a health claim related to "non digestible oligo and polysaccharides including galacto-oligosaccharides, oligofructose, polyfructose and inulin" and "increase in calcium absorption" pursuant to Article 14 of Regulation（EC）No 1924/2006，https://www.efsa.europa.eu/en/efsajournal/pub/3889

7　2017 年 論 文 Supplementation of Diet With Galacto-oligosaccharides Increases Bifidobacteria, but Not Insulin Sensitivity, in Obese Prediabetic Individuals，https://www.gastrojournal.org/article/S0016-5085(17)35408-2/fulltext

8　2019 年論文，Supplementation of diet with non-digestible oligosaccharides alters the intestinal microbiota, but not arthritis development, in IL-1 receptor antagonist deficient mice，https://journals.plos.org/plosone/article?id=10.1371/journal.pone.0219366

9　2019 年 論 文，Supplementation of dietary non-digestible oligosaccharides from birth onwards improve social and reduce anxiety-like behaviour in male BALB/c mice，https://www.tandfonline.com/doi/full/10.1080/1028415X.2019.1576362

10　2019 年 論 文，Alleviation of Intestinal Inflammation by Oral Supplementation With 2-Fucosyllactose in Mice，https://www.frontiersin.org/articles/10.3389/fmicb.2019.01385/full

3-6 碧容健和野山參幹細胞，回春有用？

1   2020 年 9 月 29 號回顧性論文，考科藍數據庫系統評價「用於治療慢性疾病的松樹皮（Pinus spp.）萃取物」Pine bark（Pinus spp.）extract for treating chronic disorders，https://pubmed.ncbi.nlm.nih.gov/32990945/
2   2017 年論文「植物幹細胞之用於化妝品：當前趨勢和未來方向」Plant stem cells in cosmetics: current trends and future directions，https://www.ncbi.nlm.nih.gov/pmc/articles/PMC5674215/
3   2018 年論文「植物幹細胞提取物的抗衰老特性」Anti-Aging Properties of Plant Stem Cell Extracts，https://www.mdpi.com/2079-9284/5/4/55/htm
4   「化妝品化學家解釋『植物幹細胞』在皮膚護理中到底有啥作用」Cosmetic Chemists Explain What the Heck "Plant Stem Cells" Do in Skin Care，https://www.wellandgood.com/plant-stem-cells-in-skin-care/

3-7 補充膳食纖維，問題探討

1   WebMD，https://www.webmd.com/digestive-disorders/dietary-fiber-the-natural-solution-for-constipation
2   加州大學舊金山分校，https://www.ucsfhealth.org/education/constipation）
3   梅友診所，https://www.mayoclinic.org/healthy-lifestyle/nutrition-and-healthy-eating/in-depth/fiber/art-20043983
4   2011 年歐洲食品安全局「關於證實局部水解瓜爾膠 (PHGG) 相關的健康聲明的科學意見」Scientific Opinion on the substantiation of health claims related to partially hydrolysed guar gum (PHGG)，https://efsa.onlinelibrary.wiley.com/doi/epdf/10.2903/j.efsa.2011.2254
5   2014 年回顧性論文「用於便秘的食物」Diets for Constipation，https://www.ncbi.nlm.nih.gov/pmc/articles/PMC4291444/
6   2020 論文「纖維補充劑對便秘、減肥和支持胃腸功能的有效性：薈萃分析的敘述性綜述」Effectiveness of Fiber Supplementation for Constipation, Weight Loss, and Supporting Gastrointestinal Function: A Narrative Review of Meta-Analyses，https://pubmed.ncbi.nlm.nih.gov/33192192/
7   2018 年論文「可溶性纖維的微生物發酵失調誘導引發膽汁淤積性肝癌」Dysregulated Microbial Fermentation of Soluble Fiber Induces Cholestatic Liver Cancer，https://pubmed.ncbi.nlm.nih.gov/30340040/
8   哈佛醫學院「維他命的最佳來源？你的盤子，不是你的藥櫃」Best source of vitamins? Your plate, not your medicine cabinet，https://www.health.harvard.edu/staying-healthy/best-source-of-vitamins-your-plate-not-your-medicine-cabinet

Part 4   真科學補充站

4-1 素食和葷食的迷思與探討（上）

1   2022 年 2 月 22 號論文「肉類總攝入與預期壽命相關：對 175 個當代人群的橫截面數據分析」

Total Meat Intake is Associated with Life Expectancy: A Cross-Sectional Data Analysis of 175 Contemporary Populations，https://www.dovepress.com/total-meat-intake-is-associated-with-life-expectancy-a-cross-sectional-peer-reviewed-fulltext-article-IJGM）。

2　2022 年 3 月《食品科學與人類健康》「素食相關營養素對腸道微生物群和腸道生理的影響」Effects of vegetarian diet-associated nutrients on gut microbiota and intestinal physiology，https://www.sciencedirect.com/science/article/pii/S2213453021000963

3　《哈芬登郵報》「What The Health 是更像 What The Hell」What The Health? More Like What The Hell，https://www.huffpost.com/entry/what-the-health-more-like-what-the-hell_b_59807215e4b0d187a596900e

4　《健康家庭經濟人》「令人難以置信的 "WHAT THE HEALTH" 壞科學」The Incredibly Bad Science of "WHAT THE HEALTH"，https://www.thehealthyhomeeconomist.com/what-the-health/

5　John McDougall 的維基，https://en.wikipedia.org/wiki/John_A._McDougall

6　《時代雜誌》「您應該知道的關於純素食主義者的 Netflix 電影 What the Health」What You Should Know About the Pro-Vegan Netflix Film 'What the Health'，https://time.com/4897133/vegan-netflix-what-the-health/

4-2 素食和葷食的迷思與探討（下）

1　《阿茲海默症期刊》「肉類、魚類、水果和蔬菜的攝入與失智症和阿茲海默症的長期風險」Intake of Meat, Fish, Fruits, and Vegetables and Long-Term Risk of Dementia and Alzheimer's Disease，https://pubmed.ncbi.nlm.nih.gov/30883348/

2　2015 年論文「65 歲及以上台灣人的飲食模式和認知能力下降」Dietary patterns and cognitive decline in Taiwanese aged 65 years and older，https://pubmed.ncbi.nlm.nih.gov/25043924/

3　2022 年論文「乳製品、肉類和魚類攝入量與失智症風險和認知能力的關係：庫奧皮奧缺血性心臟病風險因素研究（KIHD）」Associations of dairy, meat, and fish intakes with risk of incident dementia and with cognitive performance: the Kuopio Ischaemic Heart Disease Risk Factor Study（KIHD），https://pubmed.ncbi.nlm.nih.gov/35217900/

4　2021 年論文「肉類攝入和失智症風險：493,888 名英國生物銀行參與者的隊列研究」Meat consumption and risk of incident dementia: cohort study of 493,888 UK Biobank participants，https://pubmed.ncbi.nlm.nih.gov/33748832/

5　2021 年年論文「吃肉還是不吃肉？加工肉類與失智症的風險」To meat or not to meat? Processed meat and risk of dementia，https://academic.oup.com/ajcn/article-abstract/114/1/7/6280091?redirectedFrom=fulltext&login=false

6　2020 年論文「肉類攝入、認知功能和障礙：敘事綜合和薈萃分析的系統評價」Meat Consumption, Cognitive Function and Disorders: A Systematic Review with Narrative Synthesis and Meta-Analysis，https://pubmed.ncbi.nlm.nih.gov/32456281/

7　2019 年 10 月 1 號《內科醫學年鑑》「未加工紅肉和加工肉的食用：營養建議協會（NutriRECS）專家組所給的飲食指南建議」Unprocessed Red Meat and Processed Meat Consumption: Dietary Guideline Recommendations From the Nutritional Recommendations（NutriRECS）Consortium，https://www.ncbi.nlm.nih.gov/pubmed/31569235

8　哈佛大學 2019 年 9 月 30 號「新的『指南』説繼續食用紅肉，但建議與證據相抵觸」New "guidelines" say continue red meat consumption habits, but recommendations contradict evidence，https://www.hsph.harvard.edu/nutritionsource/2019/09/30/flawed-

guidelines-red-processed-meat/
9 《紐約時報》2019 年 10 月 4 號「抹黑肉類準則的科學家沒有呈報與食品行業過去的關係 」Scientist Who Discredited Meat Guidelines Didn't Report Past Food Industry Ties，https://www.nytimes.com/2019/10/04/well/eat/scientist-who-discredited-meat-guidelines-didnt-report-past-food-industry-ties.html
10 麥基爾大學「吃什麼和不吃什麼的問題實在是太複雜了，以至於沒有一個簡單的答案 」The problem of what to eat and what not to eat is far too complex to have a simple solution，https://www.mcgill.ca/oss/article/health/heres-my-beef-pro-meat-study?utm_source=OSS+Newsletter&utm_campaign=cdece4abc9-EMAIL_CAMPAIGN_5_3_2019_14_30_COPY_01&utm_medium=email&utm_term=0_995459bc2b-cdece4abc9-113534695

4-3 抗性澱粉和膳食纖維謠言分析

1 2008 年 12 月《新英格蘭醫學期刊》論文，Effect of aspirin or resistant starch on colorectal neoplasia in the Lynch syndrome，https://pubmed.ncbi.nlm.nih.gov/19073976/）
2 2012 年 12 月論文，The Lancet Oncology，Long-term effect of resistant starch on cancer risk in carriers of hereditary colorectal cancer: an analysis from the CAPP2 randomised controlled trial，https://pubmed.ncbi.nlm.nih.gov/23140761/

4-4 重申減鹽有益：低鈉鹽和代鹽的分析

1 JAMA 2021 年 10 月 13 號論文「降低在美國的鈉攝取 Reducing Sodium Intake in the US，https://jamanetwork.com/journals/jama/article-abstract/2785289
2 2014 年《新英格蘭醫學期刊》論文「全球鈉攝入量和心血管原因導致的死亡」Global Sodium Consumption and Death from Cardiovascular Causes，https://www.nejm.org/doi/full/10.1056/NEJMoa1304127
3 《日本時報》2016 年 1 月 22 號「吃最鹹的日本居民如何變成最長壽」How Japan's saltiest residents came to live the longest，https://www.japantimes.co.jp/life/2016/01/22/food/japans-saltiest-residents-came-live-longest/#.XHGA4IhKhhE
4 2021 年 9 月《新英格蘭醫學期刊》論文「鹽替代對心血管事件和死亡的影響」Effect of Salt Substitution on Cardiovascular Events and Death，https://www.nejm.org/doi/10.1056/NEJMoa2105675
5 2021 年 8 月論文「TMC4 是一種涉及高濃度鹽味覺的新型氯通道」TMC4 is a novel chloride channel involved in high-concentration salt taste sensation，https://pubmed.ncbi.nlm.nih.gov/34429071/
6 2016 年論文「營養不等價：限制高鉀植物性食物有助於預防血液透析患者的高鉀血症嗎？」Nutrient Non-equivalence: Does Restricting High-Potassium Plant Foods Help to Prevent Hyperkalemia in Hemodialysis Patients? https://pubmed.ncbi.nlm.nih.gov/26975777/
7 2020 年論文「慢性腎病透析前患者的膳食鉀攝入量和慢性腎病進展風險：系統評價 」Dietary Potassium Intake and Risk of Chronic Kidney Disease Progression in Predialysis Patients with Chronic Kidney Disease: A Systematic Review，https://www.ncbi.nlm.nih.gov/pmc/articles/PMC7360460/

8　2020 年論文「富含鉀的鹽替代品作為降低血壓的一種手段：益處和風險」Potassium-Enriched Salt Substitutes as a Means to Lower Blood Pressure: Benefits and Risks，https://pubmed.ncbi.nlm.nih.gov/31838902/

4-5 再論咖啡的謠言

1　2020 年 11 月 28 號論文「醒來時的血糖控制不受夜間每小時睡眠碎片化的影響，但會受到早晨含咖啡因的咖啡的影響」Glucose control upon waking is unaffected by hourly sleep fragmentation during the night, but is impaired by morning caffeinated coffee，https://pubmed.ncbi.nlm.nih.gov/32475359/

2　Healthline 網站「在空腹時你應該喝咖啡嗎？」Should You Drink Coffee on an Empty Stomach? https://www.healthline.com/nutrition/coffee-on-empty-stomach

3　2017 年論文「咖啡對健康的影響」The Impact of Coffee on Health，https://pubmed.ncbi.nlm.nih.gov/28675917/

4　《食物科學與品質管理》「咖啡因對健康和營養的影響：一項回顧」Effects of caffeine on health and nutrition: A Review，https://core.ac.uk/download/pdf/234683844.pdf

5　萊納斯鮑林研究院 https://lpi.oregonstate.edu/mic/food-beverages/coffee#nutrient-interactions

6　1983 論文「咖啡抑制食物鐵吸收」Inhibition of food iron absorption by coffee，https://pubmed.ncbi.nlm.nih.gov/6402915/

7　JAMA 2022 年 2 月 15 號「咖啡因與健康」Caffeine and Health，https://jamanetwork.com/journals/jama/fullarticle/2789026

4-6 爬樓梯和跑步有害？運動才是最好的藥

1　US News「爬樓梯運動的好處」The Benefits of Stair Climbing Exercise，https://health.usnews.com/wellness/fitness/the-health-benefits-of-stair-climbing-exercise

2　2002 年論文「行動不便的老年人的負重爬樓梯：一項試點研究」Weighted stair climbing in mobility-limited older people: a pilot study

3　2010 年論文「評論文章：透過選擇點提示增加身體活動——系統評價」Review Article: Increasing physical activity with point-of-choice prompts–a systematic review

4　2011 年論文「基於商場的爬樓梯干預的統計總結」A statistical summary of mall-based stair-climbing interventions，https://pubmed.ncbi.nlm.nih.gov/21597129/

5　2017 年「對增加樓梯使用的干預措施的系統評價」A Systematic Review of Interventions to Increase Stair Use，https://pubmed.ncbi.nlm.nih.gov/27720340/

6　Mayo Clinic，https://www.mayoclinic.org/healthy-lifestyle/fitness/expert-answers/exercising-does-taking-the-stairs-count/faq-20306110

7　兩則爬樓梯的參考資料：Is climbing stairs good or bad? https://www.mayoclinic.org/healthy-lifestyle/fitness/expert-answers/exercising-does-taking-the-stairs-count/faq-20306110；Is Climbing stairs Bad for Knees? https://worldzfeed.com/is-climbing-stairs-bad-for-knees/

8　哈佛大學文章「運動仍然是最好的藥」Exercise is still the best medicine，https://www.health.harvard.edu/staying-healthy/exercise-is-still-the-best-medicine

9　Discover Magazine「為什麼運動是真正的奇蹟藥」Why Exercise is the Real Miracle Drug，https://www.discovermagazine.com/health/why-exercise-is-the-real-miracle-drug

10 長島耳鼻喉健康中心「運動──最好的藥！！」Exercise- The Best Medicine!! https://licent. org/exercise-the-best-medicine/
11 慈悲健康系統「運動如何可以是最好的藥」How exercise can be the best medicine，https://mercyhealthsystem.org/podcast/how-exercise-can-be-the-best-medicine/
12 美國心臟協會「保持活躍是最好的藥」Staying active is 'the best medicine，https://www. heart.org/en/news/2019/04/25/staying-active-is-the-best-medicine
13 德州農工大學「最好的藥：提倡年長者做運動」THE BEST MEDICINE: PROMOTING PHYSICAL ACTIVITY IN OLDER ADULTS，https://vitalrecord.tamhsc.edu/the-best-medicine-promoting-physical-activity-in-older-adults/
14 2015 年 11 月 25 號論文「運動作為藥物──用運動作為治療 26 種不同慢性疾病處方的證據」Exercise as medicine–evidence for prescribing exercise as therapy in 26 different chronic diseases，https://onlinelibrary.wiley.com/doi/full/10.1111/sms.12581
15 2021 年 8 月 1 號論文「運動是免疫功能的良藥：對 COVID-19 的影響」Exercise Is Medicine for Immune Function: Implication for COVID-19，https://pubmed.ncbi.nlm.nih.gov/34357885/
16 2021 年 11 月論文「運動作為年長婦女的藥物」Exercise as Medicine for Older Women，https://pubmed.ncbi.nlm.nih.gov/34600728/
17 美國疾病控制中心「成年人需要多少體育活動？」How much physical activity do adults need? https://www.cdc.gov/physicalactivity/basics/adults/index.htm
18 美國衛生部《美國人運動指南》（第 2 版）Physical Activity Guidelines for Americans, 2nd edition，https://health.gov/sites/default/files/2019-09/Physical_Activity_Guidelines_2nd_edition.pdf#page=56

4-7 隔夜菜導致截肢的真相調查

1 《新英格蘭醫學期刊》2021 年 3 月 11 案例報告「病例 7-2021：一名患有休克、多器官衰竭和皮疹的十九歲男子」Case 7-2021: A 19-Year-Old Man with Shock, Multiple Organ Failure, and Rash，https://www.nejm.org/doi/full/10.1056/NEJMcpc2027093
2 2022 年 2 月 16 號 YouTube 影片：A Student Ate Suspicious Leftovers For Lunch. This Is What Happened To His Limbs
3 CDC「腦膜炎球菌病」網頁資訊 Meningococcal Disease，https://www.cdc.gov/vaccines/pubs/pinkbook/mening.html

一心文化　science 007

健康謠言與它們的產地：
頂尖國際期刊評審追查 50 個醫學迷思

作者　　　　林慶順（Ching-Shwun Lin, Phd）
編輯　　　　蘇芳毓
美術設計　　劉孟宗
內文排版　　polly（polly530411@gmail.com）
出版　　　　一心文化有限公司
電話　　　　02-27657131
地址　　　　11068 臺北市信義區永吉路 302 號 4 樓
郵件　　　　fangyu@soloheart.com.tw
初版一刷　　2022 年 7 月

總 經 銷　　大和書報圖書股份有限公司
電話　　　　02-89902588
定價　　　　399 元

國家圖書館出版品預行編目（CIP）

健康謠言與它們的產地 : 頂尖國際期刊評審追查 50 個醫學迷思 / 林慶順著 . --
初版 . -- 台北市 : 一心文化出版 : 大和發行 , 2022.07
　　面 ；　公分 . -- (science; 7)

ISBN 978-986-06672-8-8(平裝)

1. 家庭醫學　　2. 保健常識

429　　　　　111005989